Martin G. Möhrle, Lothar Walter, Michael Wustmans

Patente managen mit dem 7D Reifegradmodell

Martin G. Möhrle, Lothar Walter, Michael Wustmans

Patente managen mit dem 7D Reifegradmodell

Erfassung – Bewertung – Verbesserung

Impressum

ISBN 978-3-00-059533-2

ISBN 978-3-00-059532-5 (eBook)

Die Deutsche Nationalbibliothek verzeichnet diese Publikation in der Deutschen Nationalbibliografie; detaillierte bibliografische Daten sind im Internet über http://dnb.d-nb.de abrufbar.

1. Auflage 2018

Die eingetragene Gesellschaft ist i3 - Management von Invention, Innovation, Information GmbH. Die Anschrift der Gesellschaft ist Wätjenstraße 12, D-28213 Bremen, Deutschland.

Vorwort

Im Rahmen unserer Forschung setzen wir uns schon seit Jahren intensiv mit Patenten und dem Management von Patenten auseinander. Dies wird auch in der Praxis wohlwollend zur Kenntnis genommen, gleichwohl konfrontierten uns die Praktiker immer wieder mit der Frage, wie sie denn ihr Patentmanagement konkret gestalten sollen, sie seien doch nicht *Siemens* oder *Bosch*!

Beispielsweise hatten wir kürzlich Kontakt zu einem mittelständischen Unternehmen aus dem Werkzeugmaschinenbau, das gerade mit einem freischaffenden Ingenieur die nächste Generation seiner Produkte entwickelt hatte. Aus der Zusammenarbeit ergaben sich gemeinsame Patente. Die Unternehmensleitung wollte auf Grund dessen wissen, wie sie eine internationale Strategie anstreben, wie sie ihre Erfindungen in anderen Produkten nachweisen, und wie sie verfolgen könnte, ob Dritte Patente einreichten, die in den Schutzbereich ihrer Patente eingriffen. Gleichzeitig wies die Unternehmensleitung auf den engen finanziellen Spielraum hin, den ihr Unternehmen habe. Es war schnell klar: alle Wünsche würde sie sich nicht erfüllen können, schwierige Abwägungen zwischen dem möglichen Nutzen und den Möglichkeiten des Unternehmens waren zu treffen. Dabei galt es auch, bewusst auf manche Chancen zu verzichten und sich auf die Dinge zu konzentrieren, die absehbar erfolgsträchtig und finanzierbar waren. Und solche Überlegungen gelten nicht nur für die mit uns in Kontakt getretene Unternehmensleitung.

In gewisser Weise war die genannte Begegnung Auslöser für die Idee, Gestaltungshinweise für den Aufbau des Patentmanagements in einem mittelständischen, technologieorientierten Unternehmen zu erarbeiten. Da sich hierfür Reifegradmodelle besonders eignen, mündeten unsere Anstrengungen in der Entwicklung des fähigkeitsorientierten 7D Reifegradmodells für das Patentmanagement, welches ein differenziertes Verständnis des Patentmanagements aufzeigt und das Patentmanagement als eine von Investitionsentscheidungen getriebene Gestaltungsaufgabe der Unternehmensleitung ansieht.

Vorwort

Auf dem Weg der Entwicklung des 7D Reifegradmodells haben uns zahlreiche Mitarbeiter aus technologieorientierten Unternehmen begleitet, die ihre Erfahrung als Entwickler, Erfinder, Technologiemanager, Innovationsmanager oder Forschungs- und Entwicklungsleiter mit uns teilten. Ohne sie wäre unser Buch sicher nicht in dieser Form entstanden. Zahlreiche weitere Personen haben uns zudem bei der Erstellung des Buches mit Rat und Tat zur Seite gestanden. Hier seien vor allem den Mitarbeiterinnen und Mitarbeitern des Instituts für Projektmanagement und Innovation (IPMI) der Universität Bremen sowie unserer Grafikerin gedankt.

Bremen, im Mai 2018

Martin G. Möhrle
Lothar Walter
Michael Wustmans

Inhalt

Abkürzungsverzeichnis

7D	Sieben Dimensionen
AIDA	Marketing: Attention, Interest, Desire, Action Reifegradmodell: Awareness, Protection, Management, Exploitation
ArbnErfG	Arbeitnehmererfindergesetz
BGB	Bürgerliches Gesetzbuch
CMM	Capability Maturity Model
CMMI	Capability Maturity Model Integration
CPC	Gemeinsame Patentklassifikation
DEPATIS	Deutsches Patentinformationssystem
DPMA	Deutsches Patent- und Markenamt
EPA	Europäisches Patentamt
FI	File Index
FTO	Freedom to Operate
FuE	Forschung und Entwicklung
GmbH	Gesellschaft mit beschränkter Haftung
IEC	International Electrotechnical Commission
IKT	Informations- und Kommunikationstechnologie
IP	Intellectual Property
IPC	Internationale Patentklassifikation
IPMI	Institut für Projektmanagement und Innovation
ISO	International Organization for Standardization
IT	Informationstechnologie
KMU	Kleine und mittlere Unternehmen

KPI	Key Performance Indicator
LLC	Limited Liability Company
PATSTAT	Patentstatistik-Datenbank
PMMM	Project Management Maturity Model
ROI	Return on Investment
SPICE	Software Process Improvement and Capability Determination
SME	Small and Medium-sized Enterprise
TDM	Term-Dokument-Matrix
TRIZ	Theorie des erfinderischen Problemlösens

1 Einführung in das Patentmanagement

Es gibt zahlreiche empfehlenswerte Bücher, die sich mit dem betrieblichen Patentmanagement beschäftigen, beispielsweise jene von Burr et al. (2007), Gassmann und Bader (2017), Granstrand (1999), Knight (2013) sowie Walter und Schnittker (2016). In diesen Büchern stellen die genannten Autoren die verschiedenen Facetten des Patentmanagements – unterschiedlich gegliedert – dar. Sie erläutern aus Sicht einer Führungskraft die diversen Aufgaben im Patentmanagement im Detail unter der Prämisse, dass es gelte, ein Patentmanagement vollumfänglich umzusetzen. Ihnen ist allerdings auch gemein, dass sie das Thema aus dem Blickwinkel eines Großunternehmens mit mehr oder weniger unbegrenzten finanziellen Möglichkeiten – und ohne Rücksicht auf Kapitalrentabilität (*Return on Investment* (ROI)) der einzelnen im Patentmanagement zu treffenden Gestaltungsfragen – adressieren. Die damit verbundene implizite, normative Vorgabe, dass praktisch jedes Unternehmen sein Patentmanagement entsprechend umfangreich aufstellen möge, geht aber an der unternehmerischen Wirklichkeit und an der betriebswirtschaftlichen Rationalität vorbei.

Es stellt sich dementsprechend für viele Führungskräfte in der Praxis die Frage, wie ein betriebliches Patentmanagement unter Berücksichtigung der Größe des Unternehmens, der Branchenspezifika und seiner nationalen oder internationalen Marktausrichtung organisiert und leistungsfähig gestaltet werden soll. Reifegradmodelle bieten hier eine Unterstützung, denn mit ihnen lassen sich gezielt Fähigkeiten auswählen und verbessern, und es können durch ein darauf aufbauendes Benchmarking Potenziale innerhalb von und im Vergleich mit anderen Unternehmen identifiziert werden.

Aus den genannten Gründen wird mit dem vorliegenden Buch *Patente managen mit dem 7D Reifegradmodell – Erfassung, Bewertung, Verbesserung* ein differenziertes Verständnis des Patentmanagements aufgezeigt und das Patentmanagement als eine von Investitionsentscheidungen getriebene Gestaltungsaufgabe der Unternehmensleitung angesehen (Abschnitt 1.1). Patentmanagement steht zudem nicht allein, es agiert mit zahlreichen anderen betrieblichen Unternehmensfunktionen in enger Weise (Abschnitt 1.2). Das Buch vertieft die Sichtweise des Patentmanagements dahingehend, dass es ein auf die zahlreichen Aufgaben abzielendes, fähigkeitsorientiertes 7D Reifegradmodell für das Patentmanagement eines Unternehmens[1] entwickelt, dessen Strukturierung in sieben Dimensionen und zahlreichen Elementen im Detail erläutert und demonstriert, wie eine individuelle, auf die jeweiligen Rahmenbedingungen eines Unternehmens eingehende Gestaltung des betrieblichen Patentmanagements erfolgen kann (Abschnitt 1.3).

1.1 Patentmanagement als unternehmerische Aufgabe

Ein Kerngedanke unternehmerischen Handelns besteht im Aufbau, der Verwertung und der Kombination von operativen Ressourcen wie bestimmten Inputgütern und Betriebsmitteln sowie strategischen Ressourcen, wie zum Beispiel exklusiven Marktzugängen oder technologischen Fähigkeiten. Dabei wird dieser Kerngedanke im betriebswirtschaftlichen Sinne von Investitionsüberlegungen getragen. Je nach den Möglichkeiten eines Unternehmens werden die Alternativen ausgewählt und bevorzugt, die – zuweilen isoliert betrachtet, oft aber auch im Zusammenspiel mit anderen Alternativen gesehen – den höchsten Erfolg (gemessen im Zinsfuß, im ROI oder in anderen Maßen) versprechen. Daher wird ein Unternehmen in der Regel auch nicht alle möglichen Optionen ausschöpfen, sondern die zu seinen (auch über Fremdkapitalbeschaffung erschließbare) Möglichkeiten passende Kombination wählen.

Die gezeigte Sichtweise bietet eine einfache Erklärung dafür, dass die Unternehmen in Abhängigkeit von der Unternehmensgröße, der Branchenzugehörigkeit, der internationalen Aufstellung, des Wettbewerbsumfeldes und vielen anderen Aspekten sich unterschiedlich – gleichwohl jedes für sich rational – verhalten. Dieser Gedanke wird in diesem Buch auf das betriebliche Patentmanagement übertragen.

[1] Neben Unternehmen im Speziellen sind in diesem Zusammenhang im Allgemeinen auch Forschungsinstitute, Universitäten, Hochschulen, Stiftungen und weitere Institutionen gemeint, die Patente besitzen und beabsichtigen, mit ihnen auch Werte zu schaffen.

Patente sind eine Form gewerblicher Schutzrechte und schützen technische Erfindungen, die neu sind, eine erfinderische Lösung beinhalten und gewerblich anwendbar sind (Kraßer 2016 sowie Mes 2015). Sie bilden manchmal eine operative und manchmal eine strategische Ressource (Freiling 2001, Möhrle et al. 2007), und sie können in unterschiedlicher Weise von Wert für ein Unternehmen sein, sei es zur Verteidigung eigener in Produkten manifestierten Erfindungen, sei es auch als Tauschmittel, um den Zugang zu anderen Technologien zu erhalten, oder sei es als Kommunikationsinstrument eines Unternehmens.

Um den Wert aus Patenten zu erschließen, bedarf es eines geeigneten Managements mit vielfältigen Aufgaben. Betrachtet man die Erfüllung einer Aufgabe, für die ja eine Investition zu leisten ist, als einzelne Investition, dann ergibt sich in analoger Weise zum Unternehmenskontext eine sehr individuell unterschiedliche, gleichwohl ebenfalls rationale Gestaltung des Patentmanagements in Unternehmen unterschiedlicher Größe, Organisationsform oder technologischer Grundlage.

Die individuelle Gestaltung eines betrieblichen Patentmanagements ist das Hauptanliegen des vorliegenden Buches. Ausgehend von einer Top-down-Betrachtungsweise werden fünf Basisdimensionen und zwei unterstützende Dimensionen des Patentmanagements entwickelt. Diese Dimensionen umfassen jeweils separierbare, größere Investitionsmöglichkeiten und werden in jeweils mehrere Elemente heruntergebrochen, für die unterschiedliche Reifestufen definiert werden. Daher wird von einem Reifegradmodell für das Patentmanagement gesprochen. Auch der Übergang von einer Reifestufe zu einer höheren lässt sich als eine kleine Investitionsentscheidung interpretieren, analog der Übergang von einer Reifestufe zu einer niedrigen als Desinvestitionsentscheidung.

In diesem Sinne wird im Rahmen dieses Buches Patentmanagement als modulares Gebilde (mit den Dimensionen als den Modulen) verstanden, das durch viele einzelne Teilentscheidungen (nämlich das Positionieren auf verschiedene Reifestufen) geprägt und daher von Unternehmen zu Unternehmen sehr unterschiedlich gestaltet sein kann.

1.2 Patentmanagement im Spannungsfeld weiterer Unternehmensfunktionen

Das Patentmanagement kann in vielen Unternehmen, die von den Rahmenbedingungen her dafür geeignet sind, eine besondere Rolle einnehmen. So kann das Patentmanagement ausgewählte und analysierte Patentinformationen bereitstellen und dafür sorgen, dass beispielsweise die eigenen Entwicklungen neuer Produkte, Prozesse und Dienstleistungen die benötigte Handlungs- und Ausübungsfreiheit (*Freedom to Operate* (FTO)) besitzen (vgl. hierzu und im Folgenden Walter und Schnittker 2016). Durch die Sicherung eigener Schutzrechte kann das Patentmanagement immaterielles Vermögen bilden und konkrete Unternehmenswerte schaffen. Ferner kann das Patentmanagement diverse interdisziplinäre Aufgaben bewältigen, die das patentrechtliche, wirtschaftliche und technische Know-how einzelner Unternehmensfunktionen umfassen. Diese Aufgaben können unter anderem im Management von Ressourcen, der Verwaltung der Schutzrechte oder im Patentportfoliomanagement, aber auch in der Analyse des eigenen und fremdem Schutzrechtsbestands liegen.

Ein Patentmanagement kann andere betriebliche Unternehmensfunktionen, wie beispielsweise die Forschung und Entwicklung (FuE) durch die unternehmensinterne Generierung neuen Wissens, das Technologiemanagement durch die Beschaffung und Verwertung externen Wissens oder aber das Innovationsmanagement bei der Planung und Steuerung der Innovationsprozesse unterstützen. Die drei genannten technologieorientierten Unternehmensfunktionen stehen mit dem Patentmanagement in einem dynamischen Spannungsfeld, dessen Ausgleich das Patentmanagement wie auch die anderen drei genannten Unternehmensfunktionen in einer gesamtorganisatorischen Lösung zu erreichen ist. Beispielsweise kann die Identifikation von Erfindungen und Erfindern oder aber die Analyse der Erfindungsbeschreibung der FuE eine wertvolle Unterstützung bieten. Auf der anderen Seite kann das Patentmanagement mit dem Technologiemanagement interagieren, indem es Technologieinvestitionen, –desinvestitionen und Technologiepositionen eines Unternehmens beurteilt und früh technische Signale erkennt. Mit dem Innovationsmanagement kann das Patentmanagement dahingehend zusammenarbeiten,

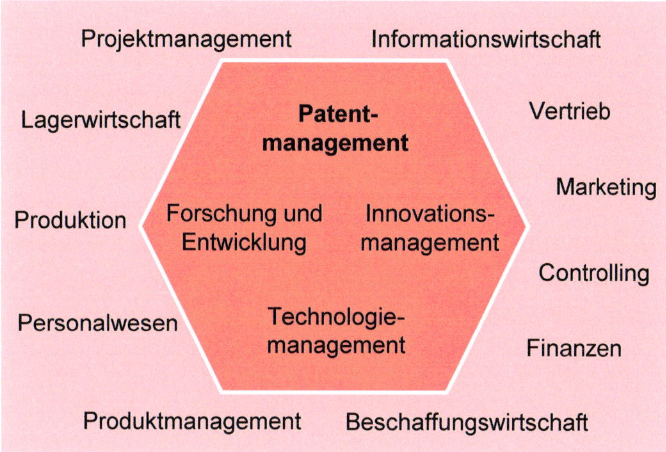

Abb. 1-1: Patentmanagement im Spannungsfeld technologieorientierter und weiterer Unternehmensfunktionen (Quelle: Eigene Darstellung in Anlehnung an Walter und Schnittker 2016, S.265).

dass es bei neuen Produkten, Dienstleistungen und Prozessen, angepasst an die verschiedenen Stadien des Innovationsprozesses, eine entsprechende FTO gewährleistet.

Abbildung 1-1 visualisiert dieses Spannungsfeld und zeigt, dass nicht nur die drei genannten technologieorientierten Unternehmensfunktionen mit dem Patentmanagement interagieren, sondern dass das Patentmanagement auch mit weiteren Unternehmensfunktionen wie Marketing, Projektmanagement, Personalwesen, Finanzen oder dem Controlling enge wechselseitige Verbindungen aufweist.

1.3 Aufbau des Buches

Nach diesem in das Patentmanagement einführenden Kapitel 1 folgen in Kapitel 2 die Grundlagen zur Entwicklung von Reifegradmodellen. Hier werden neben dem Ursprung und den Zielen von Reifegradmodellen insbesondere die fähigkeitsorientierten Reifegradmodelle den prozessorientierten Modellen gegenübergestellt und die Unterschiede herausgearbeitet, es wird aber auch die Vorgehensweise zur Erstellung von Reifegradmodellen aufgezeigt.

Das Kapitel 3 zeigt im Detail die Entwicklung des 7D Reifegradmodells für das Patentmanagement auf und stellt neben dessen Zielen und den Zielgruppen noch weitere in der Literatur diskutierte Reifegradmodelle für das Patentmanagement vergleichend vor. Abgeschlossen wird das dritte Kapitel mit der Vorstellung der Struktur des 7D Reifegradmodells für das Patentmanagement.[2] Dieses Modell besteht aus sieben Dimensionen und in fünf Reifestufen zu beschreibenden Elementen. Es ermöglicht, Fähigkeiten im Patentmanagement eines Unternehmens abzubilden, dessen Reife zu bestimmen wie auch die Entwicklung des Patentmanagements zu unterstützen.

Die Inhalte des fähigkeitsorientierten 7D Reifegradmodells werden anschließend im Kapitel 4 spezifiziert und die sieben Dimensionen, Portfolio, Generierung, Intelligence, Verwertung, Durchsetzung, Organisation und Kultur im Detail vorgestellt. Alle Dimensionen umfassen mehrere Elemente, die Fähigkeiten im Patentmanagement repräsentieren und zur Bestimmung der Reife eines Unternehmens im Hinblick auf das Patentmanagement verwendet werden. Für den Leser ist wichtig zu wissen, dass dieses Kapitel einen Nachschlag- und Arbeitscharakter aufweist. Die die einzelnen Dimensionen beschreibenden Abschnitte können unabhängig voneinander durchgearbeitet werden und ermöglichen – je nach Bedarf – eine gezielte betriebliche Auseinandersetzung mit den spezifischen Fähigkeiten des Patentmanagements.

Das Kapitel 5 widmet sich der Gestaltung des betrieblichen Patentmanagements mit Hilfe des 7D Reifegradmodells und wendet das Modell in fünf Schritten an. Im ersten Schritt erfolgt die Anpassung des 7D Reifegradmodells, gefolgt von der Erfassung der Ist-Situation im zweiten und der Ableitung des Soll-Zustandes im dritten Schritt. Im vierten Schritt werden die Entwicklungsmaßnahmen identifiziert und priorisiert, um darauf aufbauend im fünften Schritt die Maßnahmen letzten Endes umzusetzen.

Abgeschlossen wird das Buch in Kapitel 6 mit einer Zusammenfassung des Buches und einem Ausblick auf besondere Herausforderungen, die sich aus drei Trends namens *Systeme*, *Strukturen* und *Professionalisierung* ergeben.

---

[2] Das 7D Reifegradmodell bezieht sich im Speziellen auf technologieorientierte Unternehmen, gleichwohl ist es auch für weitere Institutionen wie beispielsweise Universitäten, Hochschulen oder Stiftungen nutzbar.

1.4 Literatur zum ersten Kapitel

Burr, W.; Stephan, M.; Soppe, B. und Weisheit, S. (2007). Patentmanagement – Strategischer Einsatz und ökonomische Bewertung von technologischen Schutzrechten. Schäffer-Pöschel, Stuttgart.

Freiling, J. (2001). Resource-based View und ökonomische Theorie, Gabler Verlag, Wiesbaden.

Gassmann, O. und Bader, M. A. (2017). Patentmanagement – Innovationen erfolgreich nutzen und schützen. 4. Aufl. Springer-Verlag, Berlin, Heidelberg.

Granstrand, O. (1999). The Economics and Management of Intellectual Property. Towards Intellectual Capitalism. Cheltham, Northampton, Edward Elgar.

Knight, J. H. (2013). Patent strategy for researchers and research managers, 3rd ed., John Wiley und Sons, Chichester.

Kraßer, R. (2016). Patentrecht – Ein Lehr- und Handbuch. 7., neu bearbeitete Auflage. Verlag C.H. Beck, München.

Mes, P. (2015). Patentgesetz, Gebrauchsmustergesetz: PatG, GebrMG – Kommentar. 4., neu bearbeitete Auflage. C. H. Beck.

Möhrle, M. G.; Walter, L. und von Wartburg, I. (2007). Patente im Resource-based View – Eine konzeptionelle Annäherung mittels eines systemdynamischen Wirkungsdiagramms. In: Jörg Freiling und Hans G. Gemünden (Hrsg.) (2007): Dynamische Theorien der Kompetenzentstehung und Kompetenzverwertung im strategischen Kontext. Jahrbuch Strategisches Kompetenzmanagement, Band 1. Rainer Hampp Verlag, München und Mering, S. 157–174.

Walter, L. und Schnittker, F. C. (2016). Patentmanagement – Recherche, Analyse, Strategie. De Gruyter Oldenbourg, Berlin, Boston.

2 Grundlagen zur Entwicklung von Reifegradmodellen

Reifegradmodelle sind wichtige Managementinstrumente, die eine Bewertung der Position eines Unternehmens sowie die Bestimmung seiner Entwicklungsperspektive erlauben. Reifegradmodelle umfassen dabei mehrere Charakteristika, denn sie sind

- thematisch fokussiert,
- strukturierend und aufschlüsselnd,
- auf Prozesse, Fähigkeiten oder deren Kombination bezogen,
- in unterschiedlicher Weise an situative Gegebenheiten anpassbar und
- mit sogenannten *Good Practices* untermauerbar.

In einem Reifegradmodell werden Schlüsselprozesse oder Schlüsselfähigkeiten eines Unternehmens in unterschiedlichen Reifestufen beschrieben, wobei diese wiederum in unterschiedlichen Ausführungsvarianten, die von einer niedrigen bis zu einer hohe Reife reichen, charakterisiert werden (Grande 2011 sowie Khan 2016). Dadurch bekommt ein Unternehmen eine Vorstellung darüber, auf welche Weise es interne Prozesse oder Fähigkeiten ausführen kann, bzw. bereits ausführt, und wie zukünftig Prozesse oder Fähigkeiten ausgeführt werden können, um sie effektiver oder effizienter zu gestalten.

In diesem Kapitel 2 sollen die Grundlagen zur Entwicklung von Reifegradmodellen dargestellt werden, um aufzuzeigen, wie Unternehmen Reifegradmodelle nutzen können, um den aktuellen Entwicklungsstand zu erheben, Verbesserungsmaßnahmen abzuleiten oder Leistungsvergleiche (Benchmarking) durchzuführen. So werden in Abschnitt 2.1 der Ursprung und die Ziele der Reifegradmodelle vorgestellt und gezeigt, dass Reifegradmodelle zuerst zur Qualitätsbeurteilung von Prozessen im Qualitätsmanagement und in der Softwareentwicklung eingesetzt wurden. In Abschnitt 2.2 wird sodann zwischen fähigkeits- und prozessorientierten Reifegradmodellen unterschieden, und es wird erläutert, warum für das Patentmanagement ein fähigkeitsorientiertes Reifegradmodell gewählt wurde. Abgeschlossen wird dieses

Grundlagenkapitel mit Abschnitt 2.3, in welchem die Vorgehensweise zur Erstellung von Reifegradmodellen diskutiert wird. Diese durchläuft mehrere Schritte, ausgehend von der Problemdefinition über eine iterative Reifegradmodellentwicklung bis hin zur Durchführung der Evaluation und eines gegebenenfalls Überarbeitens des Reifegradmodells. Alle Schritte der Vorgehensweise werden im Detail erläutert. Im Verbund stellen sie die Basis zur Entwicklung des fähigkeitsorientierten 7D Reifegradmodells für das Patentmanagement dar.

2.1 Ursprung und Ziele von Reifegradmodellen

Der Ursprung von Reifegradmodellen geht zurück auf die Prinzipien des Qualitätsmanagements. Mit dem *Maturity Grid*, einer Reifematrix, legte der US-amerikanische Qualitätsmanager Philip Bayard Crosby (*1926, †2001) den Grundstein zu den Reifegradmodellen (Crosby 1979). Die Reifematrix beschreibt sechs Bereiche des Qualitätsmanagements in insgesamt fünf Reifestufen, die als

- Ungewissheit (*Uncertainty*),
- Erwachen (*Awakening*),
- Erkenntnis (*Enlightenment*),
- Weisheit (*Wisdom*) und
- Gewissheit (*Certainty*)

bezeichnet werden (Crosby 1979 sowie Jokela et al. 2006). Mit dieser Reifematrix kann eine Fähigkeit innerhalb einer Unternehmensfunktion anhand der festgestellten Reifungsstufe hinsichtlich ihrer Qualität bewertet werden.

In den 80er Jahren des vergangenen Jahrhunderts hielten in immer mehr Unternehmen Softwareprodukte Einzug. Diese Softwareprodukte waren zum Teil noch nicht ausgereift, und so waren viele Unternehmen mit den Mängeln dieser frühen Softwareprodukte unzufrieden. Daraufhin fanden sich zahlreiche Initiativen, die eine Verbesserung der Vorgehensweise bei der Auswahl von Softwarelieferanten anstrebten (Wagner und Dürr 2008). Ziel war insbesondere die Entwicklung eines Modells zur Bewertung von Softwareprodukten, damit die steigenden Kosten für Risiken bzw. für die mangelhafte Qualität der gelieferten Softwareprodukte reduziert werden konnten. Ergebnis der Initiative war das *Capability Maturity Model* (CMM), ein Reifegradmodell, welches den Grundstein für die meisten modernen Reifegradmodelle gelegt hat (Khan 2016). Im CMM werden Reifegrade eingesetzt, die als inkrementelle Entwicklungsschritte eine Verbesserung der Prozesse einer Unternehmensfunktion implementieren (Khan 2016 sowie Paulk et al. 1993). Das CMM wird als aggregiertes Reifegradmodell (*Stage Representation*) dargestellt (Jokela et al. 2006).

Demgegenüber steht die disaggregierte Darstellung (*Continuous Representation*), bei der jeder einzelne Prozess oder jede Fähigkeit, die einen individuellen Prozess herbeiführt, in Reifegraden bewertet wird (Jokela et al. 2006). Ein Beispiel für ein derartiges Modell ist SPICE (*Software Process Improvement and Capability Determination*), das eine Vorgehensweise zur Durchführung von Prozess-Assessments umfasst sowie ein exemplarisches Prozess-Assessment-Modell im internationalen Standard ISO/IEC 15504[3] dokumentiert. In SPICE wird jeder Prozess in sechs Fähigkeitsstufen bewertet (Besson et al. 2012, Jokela et al. 2006, Wagner und Dürr 2008 sowie Woronowicz et al. 2012).

Das CMM wurde in einer nachfolgenden Generation zum *Capability Maturity Model Integration* (CMMI) weiterentwickelt, welches nicht nur die Prozesse und Fähigkeiten der Softwareentwicklung, sondern darüber hinaus auch der Produktentwicklung abbildet (CMMI 2002 sowie Jokela et al. 2006). Insgesamt werden im CMMI sechs Reifestufen beschrieben, die als

- unvollständig (*incomplete*),
- durchgeführt (*performed*),
- geführt (*managed*),
- definiert (*defined*),
- quantitativ geführt (*quantitatively managed*) und
- optimierend (*optimizing*)

[3] Der Standard ISO/IEC 15504-1:2004 "*Information technology - Process assessment - Part 1: Concepts and vocabulary*" wurde im Jahr 2015 überarbeitet. Vgl. https://www.iso.org/standard/38932.html, Abruf 22.02.2018.

bezeichnet werden (CMMI 2002). Da im CMMI sowohl übergeordnete Reifegrade für eine gesamte Unternehmensfunktion, als auch Reifegrade für spezifische Prozesse, bzw. Fähigkeiten ermittelt werden, kann das CMMI als Mischform der oben beschriebenen, aggregierten oder disaggregierten Darstellung bezeichnet werden (Jokela et al. 2006). Das CMMI bildet daher die Grundlage für zahlreiche weitere Reifegradmodelle, die im Projektmanagement (Demir und Kocabaş 2010, Kwak und Ibbs 2002 sowie Li et al. 2010), im Risikomanagement (Hillson 1997 sowie Yeo und Ren 2009) oder im Geschäftsprozessmanagement (De Bruin und Rosemann 2005 sowie Lee et al. 2007) eingesetzt werden.

Allen genannten Reifegradmodellen ist gemein, dass sie eine Realitätsabbildung und Bewertung von Schlüsselprozessen oder Schlüsselfähigkeiten erlauben. Sie kommen unternehmensübergreifend – beispielsweise in Unternehmensprozessen – oder themenspezifisch – beispielsweise innerhalb der Technologieprozesse eines Unternehmens – sowie in kleineren Aufbauorganisationen oder Bereichen eines Unternehmens zur Anwendung (Grande 2011 sowie Khan 2016). Willkürlich ablaufende Prozesse oder Fähigkeiten haben dabei eine eher niedrigere Reifestufe, effektive und effiziente Prozesse oder Fähigkeiten haben dagegen eine eher hohe Reifestufe (De Bruin et al. 2005 sowie Schmelzer und Sesselmann 2013). Ein Übergang von einer niedrigen zu einer höheren Reifestufe ist erreicht, sobald alle Anforderungen an die bestehende und angestrebte Reifestufe erfüllt wurden (Kamprath 2011 sowie Möhrle et al. 2017).

Die Ziele von Reifegradmodellen sind unter anderem

- die Erhebung des aktuellen Entwicklungstands,
- das Ableiten von Verbesserungsmaßnahmen sowie
- die Durchführung von Leistungsvergleichen (Röglinger und Kamprath 2012).

Reifegradmodelle ermöglichen demnach einem Unternehmen die eigene Leistungsfähigkeit im Vergleich zu anderen zu überprüfen; des Weiteren ist auch ein Benchmarking innerhalb eigener Geschäftseinheiten möglich (Bititci et al. 2015, CMMI 2002 sowie Khoshgoftar und Osman 2009). Eine solche Reifebewertung bietet insofern eine transparente Grundlage,

- mit der die Qualität bewertet,
- eine kontinuierliche Verbesserung angestrebt sowie
- eine Kostenreduktion herbeigeführt werden kann (CMMI 2002, De Bruin et al. 2005 sowie Winter und Mettler 2016).

Das Ziel eines Unternehmens sollte jedoch nicht das Streben nach der höchsten Reifestufe in jedem Prozess oder in jeder Fähigkeit sein, sondern nach der Reifestufe die am besten zu den Kapazitäten und Ressourcen des Unternehmens im jeweiligen Prozess oder der jeweiligen Fähigkeit passt. Dabei können Prozesse mit niedriger Markt- bzw. Kundenorientierung auch eine niedrigere Reifestufe aufweisen (Kamprath 2011).

2.2 Fähigkeitsorientierte versus prozessorientierte Reifegradmodelle

Bei dem in diesem Buch vorgestellten Reifegradmodell handelt es sich um ein *fähigkeitsorientiertes Reifegradmodell*, dessen Architektur einige Aspekte mit der Architektur prozessorientierter Reifegradmodelle gemeinsam hat, sich aber auch in wichtigen Aspekten unterscheidet. Dies hat Konsequenzen für

- die Interpretation der Reifestufen,
- die Vorgehensweise bei der Anwendung sowie
- die Berücksichtigung unternehmensinterner hierarchischer Strukturen, Systeme und Prozesse.

Beide Typen von Reifegradmodellen haben eine Gemeinsamkeit in der Aufschlüsselung des im Zentrum stehenden Themas – in diesem Fall des Patentmanagements – in einzelne Unterthemen und dies gegebenenfalls über mehrere Ebenen. Im vorliegenden Fall wird das Patentmanagement in sieben Dimensionen und zahlreiche darin enthaltene Elemente aufgeschlüsselt. Dabei liegt diesem Aufschlüsseln jeweils eine Heuristik zugrunde, unter anderem das möglichst unabhängig zu behandelnde Dimensionen und Elemente entstehen sollen. Beiden Typen sind ferner gemeinsam, dass auf der unteren Ebene der Elemente Reifestufen eingeführt werden, die der Ist-Einschätzung und der Entwicklung einer gewünschten Soll-Position dienen.

Genau bei der Art der Reifestufen unterscheiden sich die beiden Typen aber auch grundsätzlich. Wie bei der historischen Herleitung der prozessorientierten Reifegradmodelle gezeigt, handelt es sich bei den Elementen um Fähigkeiten, die als Prozess interpretiert werden und folglich auch mit aufsteigenden Prozessreifen bewertet werden können. Hingegen stehen bei den fähigkeitsorientierten Reifegradmodellen Fähigkeiten im Zentrum, die nicht notwendigerweise als Prozess interpretiert werden müssen, da es sich oftmals um sporadische, auf ein Ereignis folgende Aspekte handelt. Gleichwohl können auch diesen Fähigkeiten Reifestufen zugeordnet werden, die sich an dem Umfang (nach inhaltlichen Kriterien), der Frequenz und anderen Dingen ausrichten.

Dieser Unterschied führt zu Konsequenzen in der Interpretation der Reifestufen. Bei prozessorientierten Reifegradmodellen gilt das Prinzip, dass je höher die Einstufung der Reife erfolgt, desto bewusster und besser der Prozess geführt wird. Ein Unternehmen sollte also eine möglichst hohe Reifestufe anstreben. Bei fähigkeitsorientierten Reifegradmodellen bedarf es hingegen einer Aufspaltung in den Output, den eine Fähigkeit auf einer bestimmten Reifestufe bringt, und den erforderlichen Input, der dazu – situativ oft unterschiedlich –

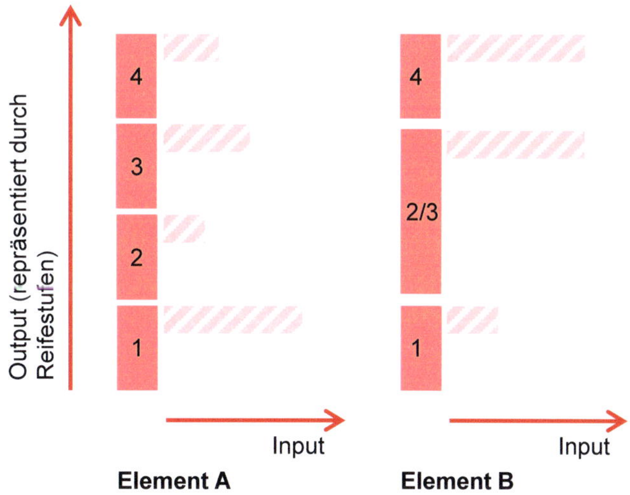

Abb. 2-1: In- und Output zweier Fähigkeiten repräsentierender, beispielhafter Elemente A (vier Reifestufen) und B (drei Reifestufen) (Quelle: Eigene Darstellung).

zu erbringen ist.[4] Die Reifestufen in fähigkeitsorientierten Reifegradmodellen sind streng nach Output gegliedert, d.h. je höher die Reifestufe, desto umfangreicher und intensiver liegt die betrachtete Fähigkeit vor. Zur Bestimmung der für ein Unternehmen geeigneten Reifestufe bedarf es allerdings der Ergänzung um den erbrachten oder zu erbringenden Input, der von Unternehmen zu Unternehmen sehr unterschiedlich sein kann.

Das in Abbildung 2-1 gezeigte Beispiel soll den Sachverhalt verdeutlichen, in dem zwei Fähigkeiten repräsentierende Elemente A und B in einem Unternehmen hinsichtlich des In- und Outputs betrachtet werden. Beide Elemente sind in Reifestufen mit steigendem Output gegliedert, die eine über vier, die andere über drei Reifestufen. Den einzelnen Reifestufen ist jeweils der Input zugeordnet, der benötigt wird, um den Output auf dieser Reifestufe zu erreichen. Es ist leicht erkennbar, dass das Verhältnis von Output zu Input (der betriebswirtschaftliche Begriff hierfür heißt Produktivität) in hohem Maße unterschiedlich ist. Beispielsweise bedarf es nur eines geringen weiteren Inputs, um bei Element A von Reifestufe 1 auf 2 zu gelangen, hingegen ist es sehr aufwändig, bei Element B die Reifestufen 2/3 und 4 zu erklimmen.

Der zentrale Unterschied zwischen den beiden Typen von Reifegradmodellen – fähigkeitsorientiert versus prozessorientiert – führt auch zu unterschiedlichen Vorgehensweisen bei deren Anwendung. Bei fähigkeitsorientierten Reifegradmodellen ist in jedem Fall eine Bewertung des Outputs und Inputs für die einzelnen Reifestufen vorzusehen – beides hängt von unternehmensinternen Strukturen, Systemen und Prozessen ab. Sodann ist die Frage nach dem Soll-Zustand bei fähigkeitsorientierten Reifegradmodellen anders zu beantworten als bei prozessorientierten Reifegradmodellen. Neben der Frage, welche Reifestufen unabdinglich sind (beispielsweise aus juristischen Gründen, aus vertraglichen Vereinbarungen oder aus bewusst eingesetztem Risikomanagement), steht die Frage nach der Produktivität weiterer Reifestufen im Raum, bei der auch die Ressourcenverfügbarkeit eine Rolle spielt.

---

[4] Die Ausgangsüberlegung besteht darin, die Veränderung auf Reifestufen als Investition zu begreifen. Um einen zu tiefen Einstieg in die Investitionsrechnung zu vermeiden (bei der unter anderem Zahlungsflüsse, kalkulatorische Zinssätze, Wahrscheinlichkeiten oder Investitionstypen eine Rolle spielen), wird hier auf eine vereinfachende Betrachtung des Outputs und des Inputs zurückgegriffen.

Schließlich spielt der zentrale Unterschied zwischen den beiden Typen von Reifegradmodellen auch eine Rolle für die Berücksichtigung von situativen Faktoren, wie den schon angesprochenen unternehmensinternen Strukturen, Systemen und Prozessen. Während prozessorientierte Reifegradmodelle hier ein einheitliches Muster für alle Kontingenzen anwenden, bedarf es bei fähigkeitsorientierten Reifegradmodellen der individuellen Anpassung. So kann durchaus ein Ergebnis eines in einem Unternehmen durchgeführten Workshops sein, dass sich ein kleineres Unternehmen mit niedrigen Reifestufen zufriedengeben sollte als ein internationales Großunternehmen.

Zusammenfassend seien den beiden Typen von Reifegradmodellen unterschiedliche Anwendungsprofile zugeordnet. Wenn es um die Optimierung von Routineaufgaben geht, haben prozessorientierte Reifegradmodelle ihre volle Berechtigung (und auch ihre Herkunft). Wenn es aber um die Erfassung, Bewertung und Verbesserung von Nicht-Routineaufgaben geht, finden fähigkeitsorientierte Reifegradmodelle ihren Platz.

2.3 Vorgehensweise zur Entwicklung von Reifegradmodellen

Für die Entwicklung von Reifegradmodellen können verschiedene Vorgehensweisen herangezogen werden (De Bruin et al. 2005 oder Becker et al. 2009). Das von Becker et al. (2009) entwickelte Vorgehensmodell gliedert sich in insgesamt acht Anforderungsschritte. Von diesen werden sieben Schritte übernommen, die als (i) Problemdefinition, (ii) Vergleich bestehender Reifegradmodelle, (iii) Festlegung der Entwicklungsstrategie, (iv) iterative Reifegradmodellentwicklung, (v) Konzeption von Transfer und Evaluation, (vi) Implementierung der Transfermittel und (vii) Durchführung der Evaluation bezeichnet werden (vgl. hierzu und im Folgenden Becker et al. 2009). Als neuer Schritt sei (viii) die Anwendung des Reifegradmodells hinzugefügt, der das Vorgehensmodell abschließt.

(i) Problemdefinition

Zur Verdeutlichung des Bedarfs nach einem Reifegradmodell ist zunächst eine Definition des Problems notwendig, welches mit

Hilfe eines Reifegradmodells gelöst werden kann. Darüber hinaus werden in diesem Schritt die Adressaten bzw. Zielgruppen des Reifegradmodells festgelegt.

(ii) Vergleich bestehender Reifegradmodelle

Nach der Konkretisierung des Bedarfs und der Problemdefinition werden durch eine umfassende Literaturrecherche bestehende Reifegradmodelle untersucht, um einerseits Reifegradmodelle aus relevanten Bereichen zu identifizieren und andererseits eine Entscheidung zu treffen, ob die identifizierten Reifegradmodelle gegebenenfalls an den eigenen Bedarf angepasst oder ein neues Reifegradmodell erstellt werden soll.

(iii) Festlegung der Entwicklungsstrategie

Bevor das Reifegradmodell mit den relevanten Reifegradstufen definiert wird, bedarf es der Entscheidung über die Struktur des Reifegradmodells. Diese Struktur kann mit Hilfe der gewonnenen Erkenntnisse aus den identifizierten Reifegradmodellen entwickelt und umgesetzt werden. Dabei kann zwischen der Neuentwicklung, der Weiterentwicklung und der Kombination mehrerer zu einem neuen oder der Übertragung von bestehenden Strukturen von Reifegradmodellen unterschieden werden.

(iv) Iterative Reifegradmodellentwicklung

Die iterative Reifegradmodellentwicklung stellt den zentralen Schritt des Vorgehensmodells dar. Dabei werden die Dimensionen und ihre Merkmale in einem mehrfachen Durchlaufen von vier Teilschritten (Festlegung des Geltungsbereichs, Auswahl des Vorgehens, Gestaltung des Modellbereichs und Prüfung des Ergebnisses) definiert, verfeinert und weiterentwickelt. Dabei wird im ersten Teilschritt festgelegt, ob eine eindimensionale oder eine multidimensionale Struktur herangezogen wird. Im zweiten Teilschritt wird das Vorgehen zur Erstellung des Reifegradmodells gewählt. Dies kann auf Basis einer umfassenden Literaturrecherche, durch Expertenbefragungen und/oder *Good Practices* erfolgen. Im dritten Teilschritt werden sodann die Erfolgsfaktoren für die Merkmale analysiert, um die Reifestufen zu definieren. Diese

Erfolgsfaktoren werden anschließend in dem zuvor definierten Modellbereich ausgestaltet. Im vierten Teilschritt des iterativen Vorgehens wird das Ergebnis auf Vollständigkeit, Konsistenz und Problemadäquanz geprüft, und bei Bedarf werden die Iterationsschritte erneut angestoßen.

(v) Konzeption von Transfer und Evaluation

Es folgt die Festlegung, in welcher Form die Entwicklungsergebnisse in die Theorie und Praxis transferiert werden. Zu den Möglichkeiten gehören unter anderem die Erstellung von Handbüchern, die Bereitstellung von Checklisten oder eine softwaregestützte Bereitstellung des Modells. Diese Möglichkeiten können als Kommunikationsmittel zu den Anwendern gesehen und als direktes Feedbacksystem genutzt werden.

(vi) Implementierungen der Transfermittel

In diesem Schritt werden die zuvor festgelegten Transfermittel auf die verschiedenen Anwendergruppen angepasst. Die adressatengerechte Bereitstellung der Transfermittel ist dabei von entscheidender Bedeutung.

(vii) Durchführung der Evaluation

Während der Evaluation werden die ursprünglich angestrebten Ziele überprüft und der Nutzen des Reifegradmodells aufgezeigt. Dies kann durch die Durchführung von Fallstudien oder durch die freie Bereitstellung des Reifegradmodells für die Anwender geschehen. Auf Basis der durchgeführten Evaluation kann es zu einer erneuten Restrukturierung des Reifegradmodells kommen.

(viii) Anwendung des Reifegradmodells

Ist die Evaluation erfolgreich abgeschlossen und bedarf es auch keiner neuen Modellversion, so kann das entwickelte Reifegradmodell in Anwendung gehen.[5]

---

[5] Ein negatives Ergebnis aus der Evaluation kann zum Verwerfen des Reifegradmodells führen. Gründe dafür können unter anderem die Nichterfüllung der Ziele des Modells sein. Wird das Reifegradmodell verworfen, sollte dies möglichst präzise kommuniziert und das Modell vom Markt genommen werden.

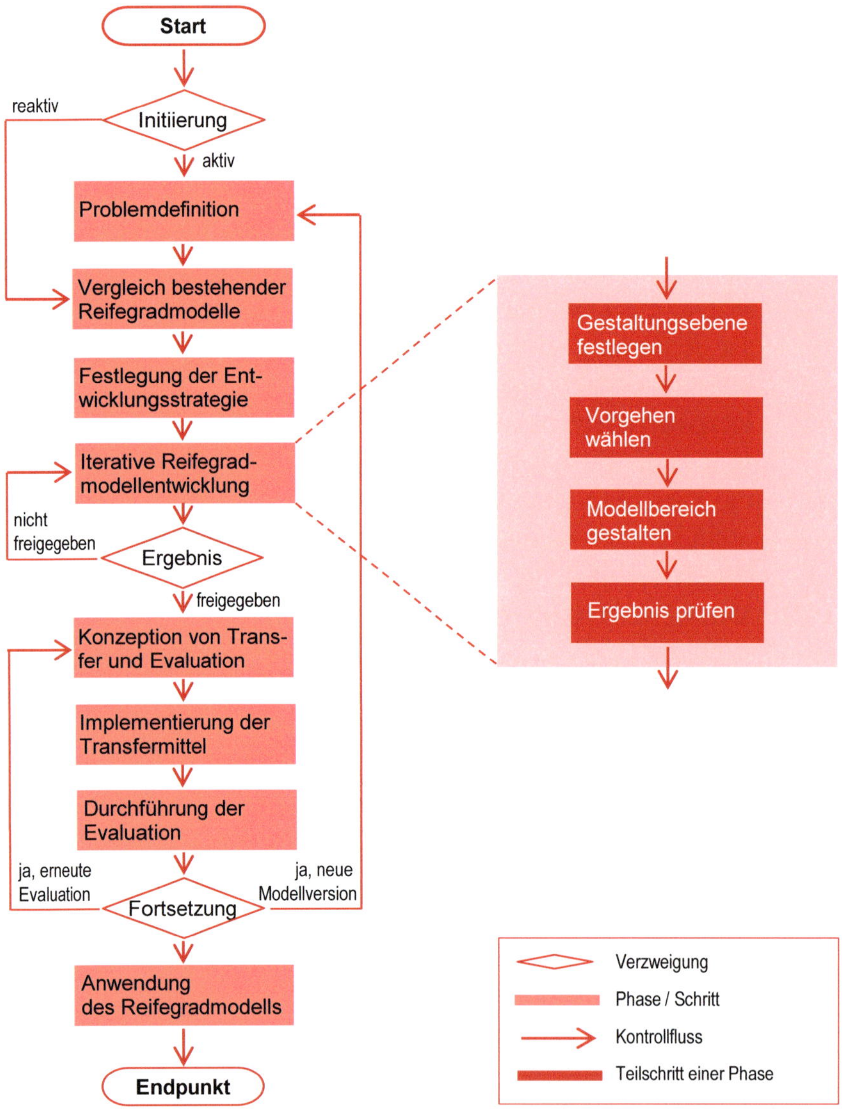

Abb. 2-2: Vorgehensmodell zur Entwicklung von Reifegradmodellen (Quelle: Eigene Darstellung in Anlehnung an Becker et al. 2009, S.254).

Abbildung 2-2 verdeutlicht das Vorgehensmodell zur Erstellung des Reifegradmodells nach Becker et al. (2009). Es stellt die acht Anforderungsschritte in einem Ablaufdiagramm dar und dokumentiert zudem die vier im iterativen Schritt der Reifegradmodellentwicklung zu durchlaufenden Teilschritte. Da diese umfassende Beschreibung einen strukturierteren Entwicklungsprozess ermöglicht, dient das Modell von Becker et al. (2009) als Grundlage für die nachfolgende Entwicklung des fähigkeitsorientierten 7D Reifegradmodells für das Patentmanagement.

2.4 Literatur zum zweiten Kapitel

Becker, J.; Knackstedt, R. und Pöppelbuß, J. (2009). Entwicklung von Reifegradmodellen für das IT-Management – Vorgehensmodell und praktische Anwendung. Wirtschaftsinformatik, Vol. 3, S. 249–260.

Besson, J.; Woronowicz, T.; Mitasiunas A. und Boronowsky M. (2012). Innovation, Knowledge- and Technology Transfer Process Capability Model – innoSPICE™. In: Antonia Mas, Antoni Mesquida, Terry Rout, Rory V. O'Connor, Alec Dorling (Eds): Software Process Improvement and Capability Determination. SPICE 2012. Communications in Computer and Information Science, Vol. 290. Springer, Berlin, Heidelberg, pp. 75–84.

Bititci, U. S.; Garengo, P.; Ates, A. und Nudurupati, S. S. (2015). Value of maturity models in performance measurement. International Journal of Production Research, Vol. 53(10), pp. 3062–3085.

CMMI (2002). Capability maturity model® integration (CMMI SM), Version 1.1, CMMI for Systems Engineering, Software Engineering, Integrated Product and Process Development, and Supplier Sourcing (CMMI-SE/SW/IPPD/SS, V1. 1).

Crosby, P. B. (1979). Quality is free: The art of making quality certain. McGraw-Hill.

De Bruin, T. und Rosemann, M. (2005). Towards a business process management maturity model. In Bartmann, D, Rajola, F, Kallinikos, J, Avison, D, Winter, R, Ein-Dor, P, et al. (Eds.) ECIS 2005 Proceedings of the Thirteenth European Conference on Information Systems, 26-28 May 2005, Germany, Regensburg.

De Bruin, T.; Freeze, R. Kaulkarni, U. und Rosemann, M. (2005). Understanding the main phases of developing a maturity assessment model. In Campbell, B, Underwood, J, und Bunker, D (Eds.) Australasian Conference on Information Systems (ACIS), November 30 - December 2 2005, Australia, New South Wales, Sydney.

Demir, C. und Kocabaş İ. (2010). Project management maturity model (PMMM) in educational organizations. Procedia-Social and Behavioral Sciences, Vol. 9, pp. 1641–1645.

Grande, M. (2011). 100 Minuten für Anforderungsmanagement. Kompaktes Wissen nicht nur für Projektleiter und Entwickler. Vieweg+ Teubner, Wiesbaden.

Hillson, D. A. (1997). Towards a risk maturity model. International Journal of Project and Business Risk Management, Vol. 1(1), pp. 35–45.

Jokela, T.; Siponen, M.; Hirasawa, N. und Earthy, J. (2006). A survey of usability capability maturity models: implications for practice and research. Behaviour und Information Technology, Vol. 25, pp. 263-282.

Kamprath, N. (2011). Einsatz von Reifegradmodellen im Prozessmanagement. HMD Praxis der Wirtschaftsinformatik, Vol. 48(6), S. 93–102.

Khan, A (2016). Innovationsmanagement in der Energiewirtschaft - Entwicklung eines Reifegradmodells. Springer Fachmedien, Wiesbaden.

Khoshgoftar, M. und Osman, O. (2009). Comparison of maturity models, Computer Science and Information Technology, 2009. ICCSIT 2009. 2nd IEEE International Conference on IEEE 2009, pp. 297–301.

Kwak, Y. H. und Ibbs, C. W. (2002). Project management process maturity $(PM)^2$ model. Journal of management in engineering, Vol. 18, pp. 150–155.

Lee, J.; Lee, D. und Kang, S. (2007). An overview of the business process maturity model (BPMM). Advances in web and network technologies and information management, Springer, pp. 384–395.

Li, S.; Bai, S.; Feng, R. und Guo, Y. (2010). Application of organizational project management maturity model based on BP neural network, 2010 International Conference on E-Business and E-Government. Siehe unter http://ieeexplore.ieee.org/document/5592043/, Abruf 14.06.2017.

Möhrle, M. G.; Walter, L. und Wustmans, M. (2017). Designing the 7D patent management maturity model – A capability based approach. World Patent Information, Vol. 50, pp. 27–33.

Paulk, M. C.; Curtis, B.; Chrissis, M. B. und Weber, C. V. (1993). Capability Maturity Model, Version 1.1. IEEE Software, Vol. 10(4), pp. 18–27.

Röglinger, M. und Kamprath, N. (2012). Prozessverbesserung mit Reifegradmodellen. Zeitschrift für Betriebswirtschaft, Vol. 82, S. 509–538.

Schmelzer, H. J. und Sesselmann, W. (2013). Geschäftsprozessmanagement in der Praxis: Kunden zufrieden stellen, Produktivität steigern, Wert erhöhen. 8. Auflage, Carl Hanser Verlag, München.

Wagner, K. W. und Dürr, W. (2008). Reifegrad nach ISO/IEC 15504 (SPiCE) ermitteln. Carl Hanser Verlag, München.

Winter, R. und Mettler, T. (2016). Kontinuierliche Business Innovation: Systematische Weiterentwicklung komplexer Geschäftslösungen durch Reifegradmodell-basiertes Management. Business Innovation: Das St. Galler Modell. Springer Fachmedien, Wiesbaden, S. 163–183.

Woronowicz, T.; Besson, J.; Boronowsky, M. und Wewetzer, D. (2012). Application of the ISO/IEC 15504 Standard Based Model – innoSPICE™. In: Dietmar Winkler, Rory V. O'Connor, Richard Messnarz (eds): Systems, Software and Services Process Improvement. EuroSPI 2012. Communications in Computer and Information Science, Vol 301. Springer, Berlin, Heidelberg, pp. 73–84.

Yeo, K. T. und Ren, Y. (2009). Risk management capability maturity model for complex product systems (CoPS) projects. Systems Engineering, Vol. 12, pp. 275–294.

3 Rahmenstruktur und Ziele des 7D Reifegradmodells für das Patentmanagement

Reifegradmodelle eignen sich zur kontinuierlichen Verbesserung und Entwicklung von Unternehmen und damit auch von Unternehmensfunktionen wie beispielsweise dem Patentmanagement. Hier gilt es dann im Speziellen, die aus der Management- und Patentperspektive abgeleiteten vielfältigen Aufgaben im Umgang mit Patenten entweder über eine Zuordnung von Fähigkeiten im Patentmanagement *zu* Reifestufen oder aber über die Beschreibung von ausgewählten Fähigkeiten im Patentmanagement *in* Reifestufen in ein Reifegradmodell einzubinden.

Im Folgenden wird das sogenannte 7D Reifegradmodell für das Patentmanagement vorgeschlagen, welches zum einen eine Unterstützung beim Aufbau und zum anderen eine kontinuierliche Verbesserung und Überprüfung des

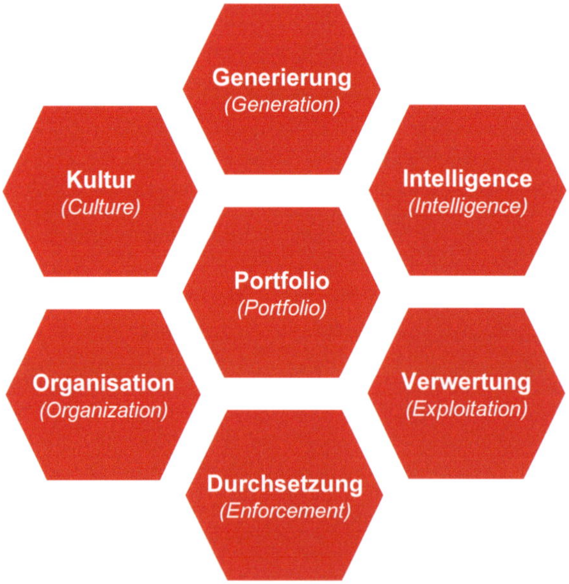

Abb. 3-1: Sieben Dimensionen umfassendes Reifegradmodell für das Patentmanagement (Quelle: Eigene Darstellung in Anlehnung an Möhrle et al. 2017 und Walter et al. 2017).

Patentmanagements eines Unternehmens ermöglicht.[6] Es ordnet die zahlreichen zu erfüllenden Aufgaben bzw. die hierzu erforderlichen Fähigkeiten im Patentmanagement verschiedenen Kategorien zu, die als Dimensionen bezeichnet werden und wichtige Aspekte des Patentmanagements abdecken (Möhrle et al. 2017 sowie Walter et al. 2017). Es handelt sich dabei um die in Abbildung 3-1 dargestellten Dimensionen

- Portfolio (*Portfolio*),
- Generierung (*Generation*),
- Intelligence (*Intelligence*),
- Verwertung (*Exploitation*),
- Durchsetzung (*Enforcement*),
- Organisation (*Organization*) und
- Kultur (*Culture*).

Nachfolgend werden in diesem Kapitel 3 die Entwicklung des fähigkeitsorientierten 7D Reifegradmodells und dessen einzelne Bestandteile in Anlehnung an die von Becker et al. (2009) beschriebene Vorgehensweise im Detail aufgezeigt. Dabei werden zunächst die Ziele und die Zielgruppen des 7D Reifegradmodells für das Patentmanagement in Abschnitt 3.1 formuliert und dargelegt, dass das 7D Reifegradmodell vorwiegend für mittelgroße, in einer Branche agierende, patentaktive oder patentaktiv werden wollende Unternehmen als Managementinstrument geeignet ist. Damit sollen sie in die Lage versetzt werden, ihr Patentmanagement leistungsfähig zu gestalten. Abschnitt 3.2 stellt bestehende Reifegradmodelle im IP-Management und Patentmanagement vor, und es analysiert diese hinsichtlich der in Abschnitt 3.1 dargelegten Anforderungen und Zielvorstellungen. Es untersucht insbesondere

[6] Das 7D Reifegradmodell bezieht sich im Speziellen auf technologieorientierte Unternehmen, gleichwohl ist es auch für weitere Institutionen wie beispielsweise Universitäten, Hochschulen oder Stiftungen nutzbar. Da solche Institutionen auch kontrastierende Ziele haben können, sollte das 7D Reifegradmodell entsprechend angepasst werden. Beispielsweise kann eine medizinische Stiftung mit ihren Patentierungsaktivitäten vorrangig auf die Heilung von Krankheiten zielen, ohne dabei kommerzielle Interessen zu verfolgen. Somit würden in diesem Falle alle Aufgaben im Zusammenhang mit der Verwertung von Patenten für das Reifegradmodell keine Rolle spielen.

vier Modelle, die anhand drei verschiedener Eigenschaftspaare charakterisiert werden. Konkret geht es um die Reifegradmodelle:

- Edison Pyramide,
- Strategic Patent Management Maturity,
- AIDA sowie
- Intellectual Asset Governance.

Aus dem Vergleich dieser bestehenden Reifegradmodelle zeigt sich der Bedarf eines neuen Reifegradmodells, welches eine ganzheitliche Sicht auf das Patentmanagement erlaubt, und so folgt in Abschnitt 3.3 die Vorstellung der Struktur des eigens von den Autoren entwickelten 7D Reifegradmodells für das Patentmanagement. Hier werden neben den Dimensionen, die in Basis- und unterstützende Dimensionen unterschieden werden, konkret fünf Reifestufen für das 7D Reifegradmodell eingeführt und diese anhand einer Analogie zu Musikinteressierten näher beschrieben. Mit diesen Reifestufen gelingt es dann, die Ausführungsmöglichkeiten der die Fähigkeiten im Patentmanagement repräsentierenden Elemente zu charakterisieren.

3.1 Ziele und Zielgruppen des 7D Reifegradmodells für das Patentmanagement

In vielen Unternehmen steht das Patentmanagement im Spannungsfeld zwischen der Forschung und Entwicklung (FuE), dem Technologiemanagement und dem Innovationsmanagement (Walter und Schnittker 2016). Um eine Einordnung des Patentmanagements innerhalb eines Unternehmens vorzunehmen, es zu gestalten, Verbesserungspotenziale zu identifizieren und Entwicklungsperspektiven aufzuspüren, sind Reifegradmodelle ein hilfreiches Managementinstrument. Ziel des sieben Dimensionen umfassenden sogenannten 7D Reifegradmodells für das Patentmanagement ist es demnach, das Patentmanagement durch die Beschreibung von Elementen in Reifestufen, die verschiedene Fähigkeiten im Patentmanagement repräsentieren, ganzheitlich abzubilden, um eine kontinuierliche (Weiter-)Entwicklung und Effizienzsteigerung im Patentmanagement zu ermöglichen.

Als Zielgruppe zur Anwendung des 7D Reifegradmodells für das Patentmanagement sollen Unternehmen angesprochen werden, die ihre Kerngeschäftsfelder im europäischen Marktumfeld sehen. Das 7D Reifegradmodell soll als Grundmodell verstanden werden, das den genannten Rahmenbedingungen Rechnung trägt. Ändern sich aber die Rahmenbedingungen und das Reifegradmodell soll beispielsweise in international agierenden Großunternehmen angewendet werden, so kann dieses Modell mit einigen größeren oder geringeren Anstrengungen hinsichtlich der Dimensionen und der Elemente angepasst werden. Nachfolgende Merkmale zeichnen daher die Zielgruppen aus (Möhrle et al. 2017 sowie Walter et al. 2017):

- Die Unternehmen sind in einer technologieorientierten Branche aktiv, in welcher der Schutz des geistigen Eigentums, insbesondere durch Patente, eine wichtige Rolle spielt.
- Die Unternehmen bieten eine Reihe von ähnlichen Produkten auf dem gleichen Markt an, und demzufolge nutzen sie auch ähnliche Patentierungsstrategien.
- Die Unternehmen weisen zumindest eine mittlere Größe auf, und es stehen zudem ausreichend Ressourcen für die verschiedenen Aufgaben und Tätigkeiten des Patentmanagements zur Verfügung.
- Die Unternehmen verfügen über eine eigene FuE, die eigene, patentierfähige Erfindungen hervorbringt. Die FuE kann dabei entweder geschäftsfeldübergreifend agieren, lokal in einer strategischen Geschäftseinheit organisiert sein, oder aus einer Kooperation mit – universitären – Forschungsinstituten bestehen.
- Die Unternehmen agieren vorwiegend lokal, in einem bestimmten Land oder einer Region, so dass internationale Aspekte von Patenten lediglich bei der Identifizierung des Standes der Technik berücksichtigt werden müssen.

Die Relevanz der Entwicklung eines Reifegradmodells ist folglich gegeben und die Ziele sowie die Zielgruppen sind definiert.

3.2 Bestehende Reifegradmodelle für das Patentmanagement

Im Folgenden werden bestehende Reifegradmodelle vorgestellt und hinsichtlich der beschriebenen Anforderungen und Zielvorstellungen analysiert. Zudem wird aufgezeigt, warum die Entwicklung eines neuen Reifegradmodells, dem fähigkeitsorientierten 7D Reifegradmodell für das Patentmanagement, angebracht ist.

In der Literatur werden verschiedene Ansätze und Methoden für das Management von Patenten beschrieben, zu denen auch Reifegradmodelle zählen. Diese Reifegradmodelle können anhand dreier Kriterien bewertet und näher charakterisiert werden:

(i) Polare versus differenzierte Entwicklung

Die polare Entwicklung ist ähnlich einer beständigen Entwicklung zu verstehen. Diese hat für jedes betrachtete Element zum Ziel, die höchste Reifestufe zu erreichen. Im Gegensatz dazu hat die differenzierte Entwicklung das Ziel, die unter den gegebenen Umständen und Ressourcen optimale, aber nicht notwendigerweise maximale Reifestufe zu erreichen.

(ii) Vordefinierte versus undefinierte Elemententwicklungsrichtung

In Reifegradmodellen mit einer vordefinierten Elemententwicklungsrichtung erfolgt eine Vorgabe, in welcher Reihenfolge die beschriebenen Elemente betrachtet werden. Die Reihenfolge ist in der Regel abhängig von der Erfahrung des Unternehmens im Umgang mit Patenten bzw. dem geistigen Eigentum im Allgemeinen. Bei undefinierter Elemententwicklungsrichtung hingegen erfolgt keine Vorgabe im Hinblick auf die Betrachtung der Elemente.

(iii) Aggregierte versus disaggregierte Betrachtung

Außerdem kann bei Reifegradmodellen zwischen einem aggregierten Ansatz, einem disaggregierten Ansatz und einem gemischten Ansatz unterschieden werden (vgl. hierzu und im Folgenden Jokela et al. 2006). Bei Reifegradmodellen mit einem aggregierten

Ansatz wird das gesamte Unternehmen anhand von Reifestufen bewertet, wohingegen bei einem disaggregierten Ansatz jedes Element des Reifegradmodells einzeln in Stufen bewertet wird. Beim gemischten Ansatz werden einzelne Elemente in Reifestufen bewertet, auf deren Basis eine übergeordnete Reifestufe für das gesamte Unternehmen abgeleitet wird.

Wustmans et al. (2018) haben gezeigt, dass bisher vier Reifegradmodelle bzw. Reifegradmodellansätze, die speziell im IP- und/oder Patentmanagement angewendet wurden, in der Literatur diskutiert werden, nämlich die Modelle (i) *Edison Pyramide* (Davis und Harrison 2001 sowie Harrison und Sullivan 2011) (ii) *Strategic Patent Management Maturity* (Kern und van Reekum 2008 sowie Kern und van Reekum 2012) (iii) *AIDA* (Kjaer 2009 sowie Petit et al. 2011) und (iv) *Intellectual Asset Governance* (Gibb und Blili 2012 sowie Gibb und Blili 2013).

(i) Edison Pyramide

Die Edison Pyramide von Davis und Harrison (2001) beschreibt, wie Unternehmen von ihrem geistigen Eigentum profitieren können. Dieses Reifegradmodell basiert dabei auf als beispielgebend beschriebenen Vorgehensweisen (*Good Practices*) zum Handhaben von geistigen Eigentum, die von mehreren IP-Managern verschiedener Unternehmen, z.B. *AT&T* oder *Procter & Gamble*, beschrieben werden. Die neueste Version der Edison Pyramide nach Harrison und Sullivan (2011) beschreibt das IP-Management in fünf Reifestufen, die als *Value Hierarchy* oder Edison Pyramide beschrieben werden. Die Reifestufen werden als Verteidigungsposition (*Defend Position)*, Kostenkontrolle (*Manage Costs)*, Wertschöpfung (*Capture Value*), Chancenverwertung (*Synthesize Opportunities*) und Zukunftsgestaltung (*Shape the Future*) bezeichnet (Harrison und Sullivan 2011). Aufgrund der Bewertung des gesamten Unternehmens anhand einer übergeordneten Reifestufe kann der Ansatz als aggregierter Ansatz beschrieben werden. Den jeweiligen Reifestufen werden dabei Elemente zugeordnet, die ein Unternehmen auf dieser Reifestufe zwingend berücksichtigen sollte. Dies charakterisiert die Elemententwicklungsrichtung als vordefiniert. Da die höchste Reifestufe nach Harrison und Sullivan (2011) nicht zwingend für jedes Unternehmen die geeignetste Reifestufe darstellt, kann für diesen Ansatz weiterhin von einer differenzierten Entwicklung gesprochen werden. Die geeignetste Reifestufe ist abhängig von den Bedürfnissen und Kapazitäten des Unternehmens (Harrison und Sullivan 2011 sowie Eppinger und Vladova 2013). Die jeweilige aktuelle Reifestufe eines Unternehmens hängt von der Erfahrung und dem Umgang mit internem und externem geistigen Eigentum zusammen, sowie der Absicht, die geistigen Eigentumsrechte gegenüber anderen Unternehmen durchzusetzen und das geistige Eigentum zu verwerten. Eine höhere Reifestufe kann erreicht werden, wenn alle Anforderungen an die niedrigeren Reifestufen erfüllt wurden (Harrison und Sullivan 2011).

(ii) Strategic Patent Management Maturity

Der Strategic Patent Management Maturity Ansatz von Kern und van Reekum (2008) ist auf niederländische biopharmazeutische kleine und mittlere Unternehmen (KMU) ausgerichtet und zielt auf die Entwicklung von strategischen Planungsaufgaben im Bereich des Patentmanagements ab. Der Ansatz ist in zwei Dimensionen unterteilt, die verschiedene Elemente von Patenten umfassen. Die erste Dimension grundlegender Funktionen (*Inherent Functions*) fasst Elemente zusammen, die als Funktionen vom Gesetzgeber für Patente vorgesehen sind. Zu diesen Elementen gehören die Anreizfunktion (*Incentive*), die Verwertungsfunktion (*Appropriation*), die Schutzfunktion (*Protection*) sowie die Verbreitungsfunktion (*Dissemination*). In der zweiten Dimension (*Attributed Functions*) fassen sie Elemente zusammen, die aus der Managementpraxis mit Patenten in Verbindung gebracht werden. Diese Elemente werden als Verbindlichkeit (*Liability*), Portfolio (*Portfolio Component*), Vermögenswert (*Asset*) und Leistungsindikator (*Performance Indication*) beschrieben. Die Elemente der beiden Dimensionen sind überdies miteinander verknüpft (Anreizfunktion und Verbindlichkeit, Verwertungsfunktion und Portfolio, Schutzfunktion und Vermögenswert, Verbreitungsfunktion und Leistungsindikator), um die legislative Ebene und die Managementebene zu verbinden. Dabei sind die grundlegenden Elemente in erster Linie für die Generierung, die der zweiten Dimension zugeordneten Elemente dagegen für die Verwertung der Patente relevant. Der Ursprung dieses Modells liegt in der Arbeit von van Reekum (1999), in der sechs der acht Elemente bereits ausführlich beschrieben werden und einen Patentmanagementansatz, jedoch keinen Reifegradansatz formen. Jedes der acht auf Fähigkeiten basierenden Elemente wird in vier Reifegraden beschrieben, welches einer disaggregierten Betrachtung entspricht. Die Elemententwicklungsrichtung kann als undefiniert charakterisiert werden, da in diesem Ansatz nicht vorgegeben ist, in welcher Reihenfolge die Elemente zu berücksichtigen sind. Es besteht jedoch die Möglichkeit, eine Gesamtreife für das Unternehmen bzw. für eine Unternehmensfunktion zu ermitteln, indem der Mittelwert aus den einzelnen Reifegraden der Elemente bestimmt wird. Die Reifestufen basieren auf dem strategischen Planungsansatz von Ackoff (1981) und werden als inaktiv, reaktiv, aktiv und proaktiv bezeichnet. Die ersten beiden Reifestufen folgen dabei der Logik der geschlossenen Innovation, wohingegen die letzten beiden Reifestufen einer nach Chesbrough (2003) definierten Logik der offenen Innovation (*Open Innovation*) folgen. Die Reifestufen repräsentieren darüber hinaus Lebenszyklusphasen nach Quinn und Cameron (1983) (*Entrepreneurial*, *Collectivity*, *Formalization and Control*, *Elaboration of Structure*). Dies führt zu der Annahme, dass eine polare Entwicklung der Elemente in Richtung der höchsten Reifestufe empfohlen wird.

(iii) AIDA

Der AIDA Ansatz von Kjaer (2009) basiert auf dem von Elmo Lewis (*1872, †1942) im Jahr 1898 erstmals eingeführten Werbewirkungsprinzips und steht für die Abkürzungen der Begriffe *Attention* (Aufmerksamkeit), *Interest* (Interesse), *Desire* (Verlangen) und *Action* (Handlung) (Petit et al. 2011). Dieser ursprüngliche Ansatz wurde im Rahmen des IPeuropAware-Projektes adaptiert, um das Bewusstsein und die Kenntnisse über geistiges Eigentum von KMU zu erweitern und eine Grundlage für die (Weiter-)Entwicklung von Dienstleistungen bereitzustellen (IPeuropeAware 2010). Dabei stellen die AIDA Stufen für das IP-Management (*Awareness*, *Protection*, *Management*, *Exploitation*) die Reifestufen dar, wobei eine höhere Reifestufe auf ein erhöhtes Bewusstsein bzgl. der Relevanz des geistigen Eigentums für das Unternehmen hindeutet. Ähnlich der Edison Pyramide nach Harrison und Sullivan (2011) erfolgt beim AIDA Ansatz eine aggregierte Betrachtung, welche dem gesamten Unternehmen eine übergeordnete Reifestufe zuweist. Darüber hinaus schreibt er vor, auf welcher Reifestufe welche Elemente zu berücksichtigen sind, welches dem Ansatz eine vordefinierte Elemententwicklungsrichtung unterstellt. Darüber hinaus schreibt er vor, in welcher Reihenfolge die Elemente zu berücksichtigen sind (vordefinierte Elemententwicklungsrichtung) und impliziert daher eine polare Entwicklung hin zur höchsten Reifestufe.

(iv) Intellectual Asset Governance

Der Intellectual Asset Governance Ansatz von Gibb und Blili (2012) wurde für KMU entwickelt, um die Verwaltung des geistigen Eigentums zu unterstützen und die unterschiedlichen Ausprägungen des IP-Managements in verschiedenen KMU zu berücksichtigen. Der Ansatz besteht aus zwei Dimensionen (operativ und strategisch), die jeweils sechs Elemente enthalten, welche in fünf Reifestufen (inaktiv, fallweise, dynamisch, ambitioniert, vorreitend) beschrieben sind. Der Ansatz folgt demnach einer disaggregierten Betrachtung. Eine übergeordnete Reifestufe für ein Unternehmen kann ähnlich wie beim Strategic Patent Management Maturity Ansatz von Kern und van Reekum (2008) durch den Mittelwert der Reifestufen der Elemente bestimmt werden, auch wenn dies weder von Gibb und Blili (2012) noch von Gibb und Blili (2013) explizit angegeben ist. Gibb und Blili (2013) empfehlen, für die beschriebenen Praktiken für jedes Element jeweils die höchste Reifestufe anzustreben, um die Effektivität bei der Steuerung des geistigen Eigentums zu erhöhen. Dies charakterisiert den auf Fähigkeiten basierenden Ansatz als polar, auf die höchste

Reifestufe ausgerichtet. Es erfolgt jedoch keine Vorgabe hinsichtlich der Reihenfolge, in der die Elemente zu berücksichtigen sind. Die Elemententwicklungsrichtung ist somit undefiniert.

Die Edison Pyramide von Harrison und Sullivan (2011) gehört nach Angaben von Eppinger und Vladova (2013) zu den wohl am weitest verbreiteten Ansätzen zur systematischen Weiterentwicklung im IP-Management. Der Ansatz weist einem Unternehmen eine übergeordnete Reifestufe zu und schreibt vor, auf welcher Reifestufe das Unternehmen sich mit welchen Elementen beschäftigen sollte. Die Elemententwicklungsrichtung des Ansatzes ist demnach vordefiniert und die Betrachtung erfolgt aggregiert. Auf Basis eines derartigen Ansatzes können verschiedene Routinen des Managements von geistigem Eigentum nicht oder nur kaum im Hinblick auf einzelne geistige Eigentumsrechte oder deren Lebenszyklus berücksichtigt werden. So kann zum Beispiel der jeweilige Abschnitt im Technologielebenszyklus eines Produkts die Art und den Umfang der Schutzrechte für das jeweilige Produkt beeinflussen (Chesbrough 2006). Zusätzlich führt die übergeordnete Bewertung des gesamten Unternehmens dazu, dass in spezifischen Bereichen des IP-, bzw. Patentmanagements die Stärken und Schwächen nicht ausreichend ausgenutzt, bzw. identifiziert werden können, wodurch die Anwendung innerhalb der Unternehmen dadurch erschwert wird. Darüber hinaus kann es eine strategische Entscheidung des Managements sein, dass Patente oder weitere geistige Eigentumsrechte – für spezifische Technologien – nicht veräußert werden. Ähnliche Nachteile können auch dem AIDA Ansatz nach Kjaer (2009) zugeschrieben werden.

Der Strategic Patent Management Maturity Ansatz von Kern und van Reekum (2008) und der Intellectual Asset Governance Ansatz von Gibb und Blili (2012) beschreiben einzelne Fähigkeiten im Patent-, bzw. im IP-Management in vier, bzw. fünf Reifestufen. Dabei wird Unternehmen empfohlen, für jedes Element die jeweils höchste Reifestufe anzustreben. Beide Ansätze weisen also einen disaggregierten, polaren Charakter auf. Der disaggregierte Charakter unterstützt dabei die individuelle Betrachtung einzelner Fähigkeiten im Patent- sowie im IP-Management. In Abhängigkeit der zur Verfügung stehenden Ressourcen der Unternehmen stellt jedoch nicht für alle Elemente die jeweils höchste Reifestufe auch die geeignetste Reifestufe dar. Darüber hinaus werden die einzelnen Elemente der Ansätze nicht im Detail beschrieben und stellen eher eine übergeordnete, in Teilen nicht vollständige Betrachtungsweise des Patent- sowie IP-Managements dar. Viele der in den Ansätzen beschriebenen Elemente können darüber hinaus weiter unterteilt werden, um eine tiefergehende Analyse der Stärken und Schwächen, sowie weitere Anregungen für Entwicklung des Patent- sowie IP-Managements eines Unternehmens zu geben.

Aus dem Vergleich der bestehenden Reifegradmodelle für das Patent- bzw. IP-Management zeigt sich der Bedarf an einem neuen Reifegradmodell, welches über die Beschreibung einzelner Elemente in Reifestufen eine ganzheitliche Betrachtungsweise des Patentmanagements ermöglicht. Dabei soll das Reifegradmodell die Entwicklung der Unternehmen im Hinblick auf die optimale Ausnutzung der aktuellen und in Zukunft zur Verfügung stehenden Ressourcen und folglich eine differenzierte Entwicklung unterstützen. Außerdem soll der Unternehmensleitung selbst überlassen werden, welche der Elemente in den Fokus gerückt werden und in welcher Reihenfolge diese zu betrachten sind (undifferenzierte Elemententwicklungsrichtung). Jedes der Elemente soll daher einzeln in Reifestufen beschrieben werden, um eine disaggregierte Betrachtung zu ermöglichen. Zur Entwicklung des neuen, ganzheitlichen Reifegradmodells, des fähigkeitsorientierten 7D Reifegradmodells für das Patentmanagements, können die dargelegten bestehenden Reifegradansätze gleichwohl eine geeignete Grundlage bieten.

3.3 Struktur des 7D Reifegradmodells für das Patentmanagement

Für das fähigkeitsorientierte 7D Reifegradmodell werden Dimensionen und Elemente konstituiert, die eine ganzheitliche Betrachtung des Patentmanagements von Unternehmen erlauben. Insgesamt besteht das 7D Reifegradmodell für das Patentmanagement aus sieben Dimensionen, denen jeweils mindestens drei Elemente zugeordnet werden, die wiederum in bis zu fünf Reifestufen beschrieben sind. Die in Reifestufen beschriebenen Elemente repräsentieren dabei Fähigkeiten im Patentmanagement und können zur Bestimmung der

Reife eines Unternehmens im Hinblick auf das Patentmanagement verwendet werden. Die in Reifestufen beschriebenen Elemente dienen als Vorschlag, bzw. als Anregung, in welcher Form die Elemente des Patentmanagements ausgeführt werden können. Die Reifestufen unterstützen dabei die Entwicklung der Unternehmen im Hinblick auf die bestmögliche Ausnutzung der aktuellen und in Zukunft zur Verfügung stehenden Ressourcen. Dabei ist es auch möglich, dass aufgrund zukünftiger knapper Ressourcen eine Entwicklung von einer höheren auf eine niedrigere Reifestufe angestrebt wird.

Abbildung 3-2 zeigt die strukturellen Bestandteile des 7D Reifegradmodells für das Patentmanagement am Beispiel des mit mehreren Reifestufen beschriebenen Elements Lebenszyklusmanagement zu der Dimension Portfolio.

Die Strukturierung der in Reifestufen beschriebenen Fähigkeiten anhand von sieben Dimensionen stellt folglich die Managementperspektive im Umgang mit Patenten in den Vordergrund, wobei für die Dimensionen diverse Leitprinzipien charakteristisch sind (vgl. hierzu und im Folgenden Möhrle et al. 2017 sowie Walter et al. 2017):

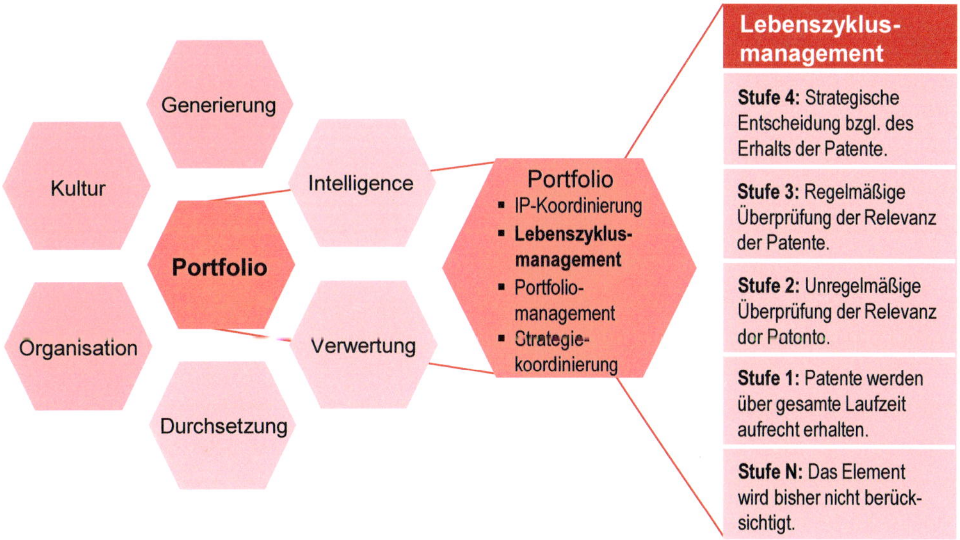

Abb. 3-2: Drei Bestandteile (Dimensionen, Elemente und Reifestufen) des 7D Reifegradmodells für das Patentmanagement (Quelle: Eigene Darstellung).

- Durch die Dimensionen werden alle wesentlichen Aspekte des Managements abgedeckt, um eine ganzheitliche Sicht auf das Patentmanagement zu ermöglichen. Dabei werden nicht nur rechtliche oder strategische Patentfunktionen berücksichtigt, sondern auch organisatorische oder kulturelle Aspekte.
- Jede Dimension deckt einen wichtigen Aspekt des Patentmanagements ab, und es wird zwischen Basis- und unterstützenden Dimensionen unterschieden.
- Basisdimensionen können aufgrund einer strategischen Entscheidung der Geschäftsleitung eines Unternehmens berücksichtigt oder unberücksichtigt werden.
- Für jede Basisdimension können Leistungskennzahlen (*Key performance indicator* (KPI)) definiert werden, die entweder als Grundlage für die strategische Entscheidung oder zur Überprüfung der Qualität einer Dimension herangezogen werden können.
- Eine Dimension umfasst mehrere Elemente, denen jeweils verschiedene Reifestufen zugeordnet werden können.

Die sieben Dimensionen lassen sich in fünf Basisdimensionen und zwei unterstützende Dimensionen unterscheiden. Bei den Basisdimensionen handelt es sich um die Dimensionen Portfolio, Generierung, Intelligence, Verwertung und Durchsetzung. Sie werden durch trennbare, fundamentale Managemententscheidungen aktiviert, so dass Unternehmen entscheiden können, ob eine Dimension relevant ist oder nicht. Wenn beispielsweise ein Unternehmen Patente besitzt, diese aber nicht veräußern will, wäre die Dimension Verwertung für dessen Patentmanagement nicht relevant. Alle Basisdimensionen umfassen Elemente, die zu einem gewissen Grad trennbar und auf verschiedenen Reifestufen durchführbar sind. So sind die vier Dimensionen Generierung, Intelligence, Verwertung und Durchsetzung alle mit der zentralen Dimension Portfolio verbunden, sie besitzen aber auch eine eigene Input/Output-Funktion. Zu den unterstützenden Dimensionen zählen die Organisation und Kultur, die die genannten Basisdimensionen beeinflussen (können). Als Teil des Patentmanagements umfassen sie – ähnlich wie die Basisdimensionen – Elemente, die in gewissem Umfang trennbar und auf verschiedenen Ebenen durchführbar sind. Abbildung 3-3 stellt die dargelegten Beziehungen zwischen den Basisdimensionen und den unterstützenden Dimensionen des 7D Reifegradmodells für das Patentmanagement dar.

Die in den Dimensionen gegliederten Elemente des 7D Reifegradmodells stehen für zahlreiche Fähigkeiten zur Bewältigung der vielfältigen patentbezogenen Aufgaben und Funktionen im Patentmanagement. Zur Beschreibung dieser Elemente werden Reifestufen herangezogen, wie es die Grundidee von Reifegradmodellen ist, und je nach Element sind bis zu fünf Reifestufen

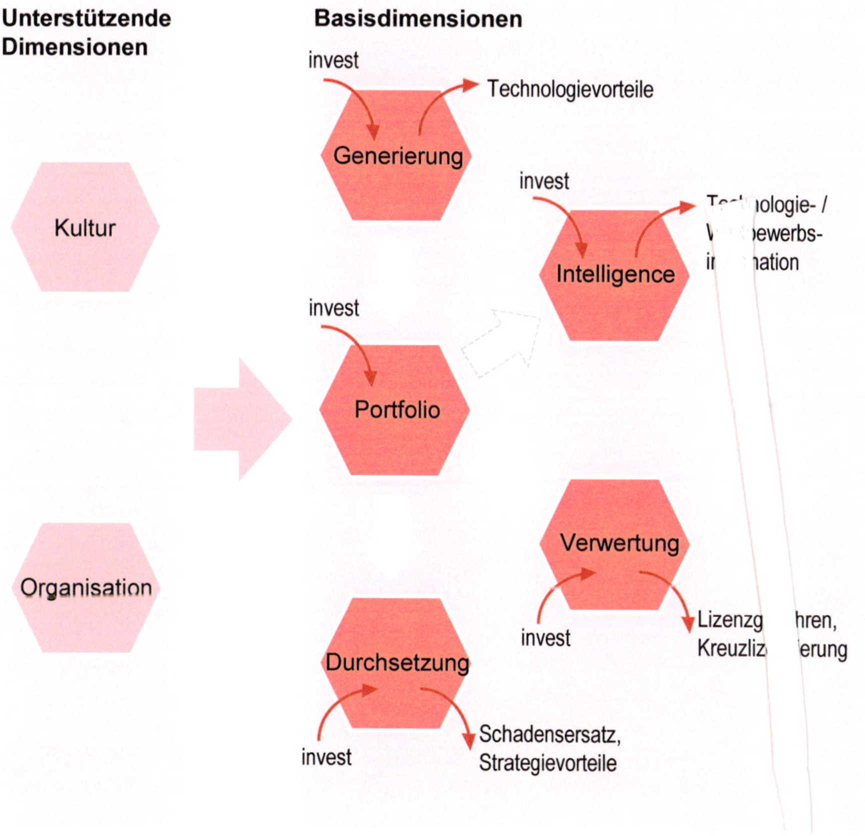

Abb. 3-3: Basisdimensionen und unterstützende Dimensionen des 7D Reifegradmodells für das Patentmanagement (Quelle: Eigene Darstellung).

vorgesehen. Dabei wird die Idee von Khan (2016) aufgegriffen, die aufzeigt, wie verschiedene Elemente des Innovationsmanagements in Form von Fähigkeiten in unterschiedlichen Reifestufen beschrieben werden können.

Die niedrigste Reifestufe wird durch die Reifestufe N repräsentiert. Befindet sich ein Unternehmen auf dieser Reifestufe, bedeutet dies, dass das Element von dem Unternehmen bisher nicht berücksichtigt wurde, in Zukunft aber eine Rolle spielen soll. Dies gilt für alle Elemente des Reifegradmodells. Mit den darauffolgenden weiteren Reifestufen 1 bis 4 werden dann die Ausführungsmöglichkeiten der Elemente beschrieben und aufgezeigt, wie Unternehmen eingestuft werden können. Die Zuordnung zu einem der vier weiteren Reifestufen weist demnach darauf hin, dass das jeweilige Element bereits berücksichtigt wird. Wird ein Element bewusst nicht berücksichtigt, kann es als nicht relevant beschrieben werden.

Abbildung 3-4 visualisiert die fünf Reifestufen des 7D Reifegradmodells für das Patentmanagement und nutzt als Analogie fünf mit unterschiedlichen Fähigkeiten ausgestattete Musikinteressierte zur Deutung der Reifestufen

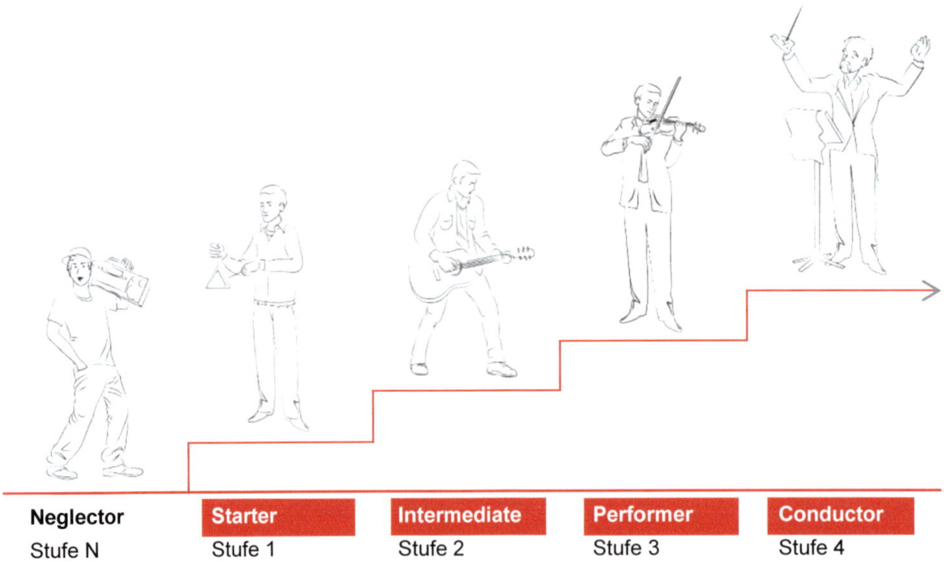

Abb. 3-4: Fünf Reifestufen des 7D Reifegradmodells für das Patentmanagement (Quelle: Eigene Darstellung, grafisch gestaltet von Xenia Gesthüsen).

(siehe hierzu und im Folgenden Möhrle et al. 2017). Die Fähigkeiten der Musikinteressierten entsprechen ihren jeweiligen Reifestufen. Das Streben der Akteure hinsichtlich einer höheren Reifestufe wird dabei nicht vorausgesetzt, da sie glücklich und zufrieden auf ihrer aktuellen Reifestufe, bzw. mit ihrer aktuellen Fähigkeit sein können. Dies ist konform zu den von Kamprath (2011) dargelegten Empfehlungen, dass ein Unternehmen bzw. eine Unternehmensfunktion nicht zur höchstmöglichen, sondern zu der am besten passenden Reifestufe streben sollte.

- Reifestufe N wird durch einen Musikinteressierten repräsentiert, der sich Musik über ein Radio anhört. Der Musikinteressierte ist zu diesem Zeitpunkt nicht in der Lage, ein Musikinstrument zu spielen, aber er ist lernwillig und möchte sich der Gemeinschaft der Musiker anschließen.
- Reifestufe 1 wird von einem Musiker repräsentiert, der einen Triangel spielt. Dieser Musiker ist bereits in der Lage, Noten zu lesen und ein Instrument zu spielen.
- Reifestufe 2 wird durch einen Gitarristen vertreten. Das Spielen der Gitarre ist komplexer als das Spielen eines Triangels und erfordert daher eine ausgereiftere Fähigkeit.
- Stellvertretend für Reifestufe 3 ist ein Musiker, der eine Geige spielt, zu sehen. Die Geige ist ein sehr anspruchsvolles Instrument, so dass das Spielen eine noch ausgereiftere Fähigkeit erfordert. Darüber hinaus könnte ein Geiger eine wichtige Rolle in einem Orchester übernehmen, welches jedoch ein regelmäßiges Training und einen hohen Grad an Eigenmotivation erfordert.
- Reifestufe 4 wird durch einen Dirigenten verkörpert. Der Dirigent gibt den Takt für ein Orchester vor und beherrscht in der Regel verschiedene Musikinstrumente selbst.

Dieser Analogie folgend werden die Reifestufen für das 7D Reifegradmodell für das Patentmanagement als

- *Neglector* (Reifestufe N),
- *Starter* (Reifestufe 1),
- *Intermediate* (Reifestufe 2),
- *Performer* (Reifestufe 3) und
- *Conductor* (Reifestufe 4) bezeichnet.

Mit dem 7D Reifegradmodell liegt ein neu entwickeltes Reifegradmodell vor. Es ermöglicht

- Fähigkeiten im Patentmanagement eines Unternehmens abzubilden,
- deren Reife zu bestimmen wie auch
- die Entwicklung des Patentmanagements im Hinblick auf eine optimale Ausnutzung der aktuellen und in Zukunft zur Verfügung stehenden Ressourcen zu unterstützen.

3.4 Literatur zum dritten Kapitel

Ackoff, R. L. (1981). Creating the corporate future: Plan or be planned for. John Wiley und Sons, New York.

Becker, J.; Knackstedt, R. und Pöppelbuß, J. (2009). Entwicklung von Reifegradmodellen für das IT-Management – Vorgehensmodell und praktische Anwendung. Wirtschaftsinformatik, Vol. 3, S. 249–260.

Chesbrough, H. W. (2003). The logic of open innovation: managing intellectual property. California Management Review, Vol. 45, pp. 33–58.

Chesbrough, H. W. (2006). Open Innovation – The New Imperative for Creating and Profiting from Technology. Harvard Business School Press, Boston MA.

Davis, J. L. und Harrison, S. S. (2001). Edison in the Boardroom. How Leading Companies Realize Value from Their Intellectual Assets. John Wiley und Sons, New York.

Eppinger, E. und Vladova, G. (2013). Intellectual property management practices at small and medium-sized enterprises. International Journal of Technology Management, Vol. 11(61), pp. 64–81.

Gibb, Y. K. und Blili, S. (2012). Small Business and Intellectual Asset Governance: An Integrated Analytical Framework. GSTF Business Review, Vol. 2(2), pp. 252–259.

Gibb, Y. K. und Blili, S. (2013). Business Strategy and Governance of Intellectual Assets in Small und Medium Enterprises. Procedia-Social and Behavioral Sciences, Vol. 75, pp. 420–433.

Harrison, S. S. und Sullivan, P. H. (2011). Edison in the Boardroom Revisited: How Leading Companies Realize Value from Their Intellectual Property, John Wiley und Sons, New York.

IPeuropeAware (2010). Promoting the benefits of greater knowledge and effective management of IP in European SMEs und intermediaries. IPeuropAware's conclusion paper. Siehe unter https://www.dpma.de/docs/dpma/kooperation/conclusion_paper_ipeuropaware.pdf Abruf 10.06.2017.

Jokela, T.; Siponen, M.; Hirasawa, N. und Earthy, J. (2006). A survey of usability capability maturity models: implications for practice and research. Behaviour und Information Technology, Vol. 25, pp. 263–282.

Kamprath, N. (2011). Einsatz von Reifegradmodellen im Prozessmanagement. HMD Praxis der Wirtschaftsinformatik, Vol. 48(6), S. 93–102.

Kern, S. und van Reekum, R. (2008). The Use of Patents in Dutch Biopharmaceutical SME: a Typology for Assessing Strategic Patent Management Maturity. In: The 16th Annual High Technology Small Firms Conference: May 22-23, 2008 + May 21 Doctoral Workshop, University of Twente, Enschede, The Netherlands., 22 May 2008 - 23 May 2008, Enschede, The Netherlands.

Kern, S. und van Reekum, R. (2012). The use of patents in Dutch biopharmaceutical SME: A typology for assessing strategic patent management maturity. In: Ray Oakey, Aard Groen, Peter van der Sijde und Gary Cook (Eds.) (2012): New Technology-Based Firms in the New Millennium, Vol 9. Emerald Group Publishing Limited, pp. 131–149.

Khan, A (2016). Innovationsmanagement in der Energiewirtschaft - Entwicklung eines Reifegradmodells. Springer Fachmedien, Wiesbaden.

Kjaer, K. (2009). Supply and demand of intellectual property rights services for small and medium sized enterprises – a gap analysis. Danish Patent and Trademark Office. Siehe unter: http://www.ipeuropaware.eu/public_documents/Gap%20Analysis%20-%20IP%20support%20services.PDF, Abruf 15.03.2017.

Möhrle, M. G.; Walter, L. und Wustmans, M. (2017). Designing the 7D patent management maturity model – A capability based approach. World Patent Information, Vol. 50, pp. 27–33.

Petit, C.; Dubois, C.; Harand, A. und Quazzotti, S. (2011). A new, innovative and marketable IP diagnosis to evaluate, qualify and find insights for the development of SMEs IP practices and use, based on the AIDA approach. World Patent Information, Vol. 33(1), pp. 42–50.

Quinn, R. E. und Cameron, K. (1983). Organizational life cycles and shifting criteria of effectiveness: Some preliminary evidence. Management Science, Vol. 29, pp. 33–51.

van Reekum, R. (1999). Intellectual Property and Pharmaceutical Innovation: a model for managing the creation of knowledge under proprietary conditions. Ridderkerk, Rijksuniversiteit Groningen.

Walter, L. und Schnittker, F. C. (2016). Patentmanagement – Recherche, Analyse, Strategie. De Gruyter Oldenbourg, Berlin, Boston.

Walter, L.; Wustmans, M. und Möhrle, M. G. (2017). Reifegradmodell für ein effektives Patentmanagement. In: PATINFO 2017 Europäische Schutzrechtssysteme im Wandel. Proceedings des 39. Kolloquiums der TU Ilmenau über Patentinformation, Ilmenau: 31. Mai bis 02. Juni 2017, Christoph Hoock, Sabine Milde (Hrsg.). Ilmenau: TU Ilmenau, 386 S., S. 129–142.

Wustmans, M.; van Reekum, R. und Walter, L. (2018). Survey of and modular construction possibilities for maturity approaches in the field of Intellectual Property Management. World Patent Information, accepted.

4 Inhalte des 7D Reifegradmodells für das Patentmanagement

Das Patentmanagement eines Unternehmens hat zahlreiche Aufgaben zu erfüllen, die aus einer Management- und einer Patentperspektive abgeleitet werden können (Walter und Schnittker 2016). Mit dem 7D Reifegradmodell werden diese vielfältigen Aufgaben im Umgang mit Patenten durch sieben Dimensionen mit jeweils mehreren Elementen abgedeckt (Möhrle et al. 2017 sowie Walter et al. 2017). Die Elemente repräsentieren dabei Fähigkeiten im Patentmanagement und können zur Bestimmung der Reife eines Unternehmens im Hinblick auf das Patentmanagement herangezogen werden.

Um eine ganzheitliche Sicht auf das Patentmanagement eines Unternehmens zu erhalten, sollte ein Unternehmen sieben – die Dimensionen charakterisierende – Leitfragen beantworten:

- Welche Patente sollen gehalten werden?
- Welche Patente sollen erzeugt werden?
- Welche Informationen sollen aus Patenten gewonnen werden?
- Welche Einnahmen sollen aus Patenten generiert werden?
- Welche Patente sollen verteidigt werden?
- Welche Stellen und Prozesse tragen das Patentmanagement?
- Welche weichen Faktoren unterstützen das Patentmanagement?

In Abbildung 4-1 sind die sieben Dimensionen Portfolio, Generierung, Intelligence, Verwertung, Durchsetzung, Organisation und Kultur mit ihren jeweiligen Elementen gezeigt. Dabei werden insgesamt 26 Elemente zu den sieben Dimensionen aufgeführt, wobei einer Dimension jeweils zwischen drei und fünf Elemente zugewiesen sind. So umfasst beispielsweise die zentrale Dimension Portfolio vier Elemente, nämlich die IP-Koordinierung, das Lebenszyklusmanagement, das Portfoliomanagement und die Strategiekoordinierung.

Um die Reife eines Unternehmens hinsichtlich des Patentmanagements zu beschreiben, müssen die 26 Elemente durch Reifestufen charakterisiert werden. Diese in Reifestufen beschriebenen Elemente können dann als

Vorschlag bzw. als Anregung dienen, in welcher Form die Elemente des Patentmanagements ausgeführt werden können. Des Weiteren unterstützen die Reifestufen die Entwicklung des Unternehmens im Hinblick auf die bestmögliche Ausnutzung der aktuellen und in Zukunft zur Verfügung stehenden Ressourcen. Für die Gestaltung der bis zu jeweils vier Reifestufen der 26 Elemente wird eine Morphologie herangezogen. Eine solche Morphologie stellt ein mehrdimensionales Klassifikationsverfahren zur strukturellen und/oder funktionalen Durchdringung von Objekten oder Problemen bereit (Knieß 1995 sowie Zwicky 1966).

Abb. 4-1: Sieben Dimensionen und 26 Elemente des 7D Reifegradmodells für das Patentmanagement (Quelle: Eigene Darstellung).

Tab. 4-1: Morphologischer Rahmen bestehend aus sieben Gestaltungsaspekten mit ihren einzelnen Ausprägungen (Quelle: Eigene Darstellung).

			Morphologischer Rahmen
Gestaltungsaspekt	**Ausprägungen**		
Anwendung	intern und extern	extern	intern
Hierarchie	zentral und dezentral	zentral	dezentral
Horizont	strategisch	taktisch	operativ
Ressourcen	intern und extern	extern	intern
Territorium	international	national	lokal
Umsetzung	zentral und dezentral	zentral	dezentral
Zeitraum	regelmäßig	unregelmäßig	selten
+ weitere element-spezifische Besonderheiten	n.n.	n.n.	n.n.

Tabelle 4-1 zeigt den morphologischen Rahmen für die anstehende Charakterisierung der Reifestufen. Dieser Rahmen macht deutlich, dass zur Konstituierung der Reifestufen grundlegende Gestaltungsaspekte – von der Anwendung über die Hierarchie bis hin zum Zeitraum – berücksichtigt werden, die in unterschiedlichen Ausprägungen – zeitlich, räumlich, inhaltlich, strategisch oder auch intern oder extern – vorliegen können. Dabei wird bei dem morphologischen Rahmen – und im Folgenden auch bei der Konstituierung der verschiedenen Reifestufen der 26 Elemente – beachtet, dass die Ausprägungen auch alternativ sind, sich wesentlich voneinander unterscheiden und mit der Zielsetzung übereinstimmen (Kníeß 1995). Des Weiteren sollen zwischen zwei bis drei Ausprägungen pro Gestaltungsaspekt vorhanden sein.

Es sei an dieser Stelle noch darauf hingewiesen, dass es sich bei den Reifestufen in diesem Buch um einen Vorschlag handelt, bei dem ein in Deutschland ansässiges Unternehmen, dass seine Kerngeschäftsfelder vorwiegend im europäischen Marktumfeld sieht, im Mittelpunkt steht. In einem konkreten Bewertungsfall bedarf es einer Anpassung der Elemente.

Gerade dafür können ebenfalls die Gestaltungsaspekte innerhalb des vorgeschlagenen morphologischen Rahmens herangezogen werden.

In diesem Kapitel 4 geht es demzufolge um die Inhalte der genannten Bestandteile des 7D Reifegradmodells, und es werden die sieben Dimensionen mit ihren insgesamt 26 Elementen und den zugehörigen Reifestufen im Detail vorgestellt. Für den Leser ist wichtig zu wissen, dass er sich jede Dimension, aber auch innerhalb einer Dimension jedes Element unabhängig voneinander vergegenwärtigen kann. Insoweit ist das Kapitel 4 mit seinen sieben Abschnitten als Wissensspeicher und Arbeitsgrundlage zu verstehen, aufgrund derer eine betriebliche Auseinandersetzung mit dem Patentmanagement möglich wird. Zunächst folgen die fünf Basisdimensionen:

- In Abschnitt 4.1 steht zu Beginn die zentrale Dimension Portfolio mit ihren Elementen IP-Koordinierung, Lebenszyklusmanagement, Portfoliomanagement und Strategiekoordinierung im Mittelpunkt.
- Abschnitt 4.2 geht auf die Dimension Generierung ein und beschreibt die Elemente Anmeldeentwurf, Anmeldestrategie, Impulsgebung und Lösungsalternative.
- Dann folgen in Abschnitt 4.3 die Inhalte der Dimension Intelligence mit den Elementen Akquisition, Geschäftsfeldanalyse, Informationsnutzung, Stand-der-Technik-Analyse und Wertermittlung.
- In Abschnitt 4.4 werden die Inhalte der Dimension Verwertung mit den Elementen Kapitalsicherung, Kommerzialisierung und Allianzen, Marketing und Reputation sowie Wertsteigerung vorgestellt.
- Danach folgt Abschnitt 4.5, in welchem die Inhalte der Dimension Durchsetzung, nämlich die Elemente Abwehrverhalten, Schutzbereichswahrung und Verletzungswahrnehmung beschrieben werden.

Nach der Vorstellung dieser insgesamt fünf Basisdimensionen folgen die beiden unterstützenden Dimensionen des 7D Reifegradmodells:

- In Abschnitt 4.6 geht es um die Dimension Organisation mit ihren Elementen Prozessintegration, Stakeholdermanagement und Zuständigkeit.
- Der Abschnitt 4.7 thematisiert die Dimension Kultur, der die Elemente Anreiz und Motivation, Informations- und Wissensaustausch sowie Wahrnehmung zugeordnet sind.

4.1 Portfolio – Welche Patente sollen gehalten werden?

Die Dimension Portfolio ist die zentrale Dimension des fähigkeitsorientierten 7D Reifegradmodells für das Patentmanagement. Sie umfasst all jene Aufgaben, die ein Unternehmen bewältigen muss, um die grundsätzliche Frage beantworten zu können, welche Patente ein Unternehmen im Patentportfolio halten soll. Dabei werden unter einem (Patent-)Portfolio alle einem Unternehmen zur Verfügung stehenden Patente zusammengefasst, inklusive fremder Patente, die das Unternehmen gekauft oder für die es eine Lizenz erworben hat. Die Patentportfolios der Unternehmen sind demzufolge – im Gegensatz zu den Portfolios der Finanzwirtschaft – nicht in der Breite diversifiziert, sondern thematisch eng begrenzt; zudem sind sie technologiespezifisch, problem-, produkt- wie auch prozessbezogen ausgerichtet (Frischkorn 2017).

Im Rahmen des 7D Reifegradmodells für das Patentmanagement wird die Portfoliodimension über die Basisdimension Generierung durch die Zuführung von Patenten dazu aktiviert, das Patentportfolio zu verwalten und zu nutzen. Des Weiteren übt sie einen indirekten oder direkten Einfluss auf die Basisdimensionen Intelligence, Verwertung und Durchsetzung aus. Investiert ein Unternehmen in sein Patentportfolio, kann dies zu einer höheren Ausgangsleistung der beeinflussten Dimensionen führen. Erweitert sich beispielsweise das Patentportfolio durch eigene Patente, können weitere Lizenzeinnahmen durch Lizenzvergabe generiert werden.

Die Portfoliodimension beinhaltet insgesamt vier Elemente, die das Patentportfolio eines Unternehmens und daraus resultierende strategische Aspekte des Patentmanagements behandeln. Die Elemente werden als

- IP-Koordinierung (*IP Fit*),
- Lebenszyklusmanagement (*Lifecyle Management*),
- Portfoliomanagement (*Portfolio Management*) und
- Strategiekoordinierung (*Strategy Fit*) bezeichnet.

Darum geht es in den folgenden Abschnitten, und es wird dargelegt, wie diese Elemente durch mehrere Reifestufen näher beschrieben werden können.

Abschnitt 4.1.1 widmet sich dem Element IP-Koordinierung. Bei diesem in vier Reifestufen zu charakterisierenden Element geht es um das Zusammenspiel zwischen Patenten und weiteren Schutzrechten für geistiges Eigentum. Dabei wird berücksichtigt, dass ein Patent nicht immer das beste Mittel sein muss, um eine Erfindung zu schützen. Das durch fünf Reifestufen gekennzeichnete Element Lebenszyklusmanagement beleuchtet dagegen die Handhabung von Patenten im Verlauf des Lebenszyklus eines Patents; dies wird in Abschnitt 4.1.2 thematisiert. Bei dem Element Portfoliomanagement geht es in Abschnitt 4.1.3 um den Umgang mit der zur Verfügung stehenden Patentmenge sowie um den Schutz des geistigen Eigentums und dessen Verwendung innerhalb eines Unternehmens; es wird durch fünf Reifestufen charakterisiert. Das vierte Element Strategiekoordinierung berücksichtigt die Wechselwirkung zwischen der Patentstrategie und der Unternehmensstrategie und wird in Abschnitt 4.1.4 ebenfalls in fünf Reifestufen näher beschrieben.

4.1.1 IP-Koordinierung

Gewerbliche Schutzrechte dienen dem Schutz und der Förderung von gewerblichen und geistigen Leistungen und sind wichtige rechtliche Vermögensgegenstände. Um die durch hohe Investitionen hervorgebrachten Erfindungen und Entwicklungen zu sichern und um am Markt erfolgreich bestehen zu können setzen die Unternehmen verstärkt solche Schutzrechte ein (siehe hierzu beispielsweise Blind et al. 2006, Ensthaler und Strübbe 2006, Somaya 2012 sowie Walter und Schnittker 2016).

> „*Werden Schutzrechte angemeldet, so sind es zu knapp 80 Prozent Patente. Wurden keine Schutzrechte beantragt, so lag dies größtenteils im mangelnden Vertrauen in diese oder an fehlenden Ressourcen für die Beantragung und Durchsetzung*“ (Depner et al. 2017, S.48).

Das 7D Reifegradmodell zielt auf eine Strukturierung, Entwicklung und Ausführung der Managementaufgaben im Patentmanagement. Demzufolge stellt es das Patent in den Mittelpunkt der Betrachtung und nicht etwa die weiteren gewerblichen Schutzrechte wie beispielsweise Gebrauchsmuster, Marken, Sortenschutz, Designschutz oder Softwareschutz im Rahmen von computerimplementierten Erfindungen. Diese technischen und nicht-technischen

Schutzrechte spielen im 7D Reifegradmodell nur insofern eine Rolle, als der Schutz einer Erfindung durch Patente in einem engen Zusammenhang mit den anderen genannten Schutzrechten in einem Unternehmen steht.

Je nach Aufbauorganisation finden sich in einem Unternehmen enge oder weniger enge Kooperationen vom Patentmanagement mit anderen Unternehmensfunktionen (Walter und Schnittker 2016). Dies ist beispielsweise dann gegeben, wenn die nicht-technischen Schutzrechte inklusive Urheberechte und Domains von den Rechtsabteilungen übernommen werden. Eine Koordination ist somit seitens des Managements vonnöten, um eine klare Aufgabenverteilung im Unternehmen sicherzustellen.

Aus den genannten Gründen behandelt das Element Koordinierung der geistigen Eigentumsrechte (*Intellectual Property* (IP)), kurz die IP-Koordinierung, die Aufgaben und Fähigkeiten im Unternehmen, die insbesondere das Zusammenspiel zwischen Patenten und weiteren Schutzrechten für geistiges Eigentum behandeln. Dabei wird aber auch berücksichtigt, dass ein Patent – als eines der wichtigsten gewerblichen Schutzrechte überhaupt – nicht immer das beste Mittel sein muss, um eine Erfindung zu schützen.

Ein Unternehmen hat sich im Zusammenhang mit der IP-Koordinierung mit folgenden Fragen auseinanderzusetzen:

- Welche anderen geistigen Eigentumsrechte dienen dem weiteren Schutz der Produkte und Prozesse des Unternehmens?
- Wie werden die gesamten geistigen Eigentumsrechte im Unternehmen koordiniert?

Tab. 4-2: Morphologie des Elements IP-Koordinierung mit zwei Gestaltungsaspekten und deren Ausprägungen (Quelle: Eigene Darstellung).

		IP-Koordinierung
Gestaltungsaspekt	**Ausprägungen**	
Aktionsrahmen	gesamtheitlich	teilweise koordiniert
Konzentration	strategisch gebündelt	teilweise gebündelt

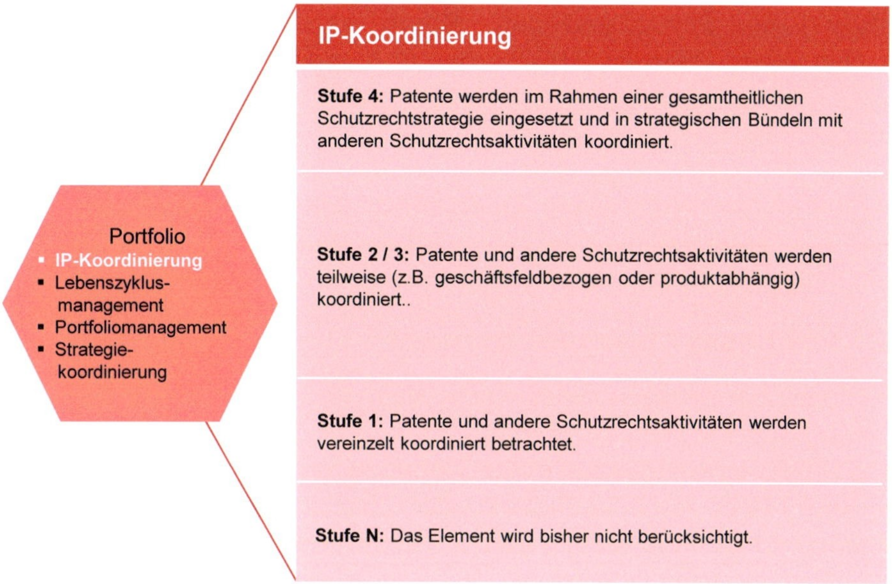

Abb. 4-2: Reifestufen des Elements IP-Koordinierung der Dimension Portfolio (Quelle: Eigene Darstellung).

- Wie soll das Patentmanagement bezüglich geistiger Eigentumsrechten mit anderen Unternehmensfunktionen kooperieren?

Im Folgenden wird das Element IP-Koordinierung mit Reifestufen näher beschrieben. Hierzu wird eine Morphologie herangezogen, die die zwei Gestaltungsaspekte einer IP-Koordinierung durch jeweils zwei Ausprägungen näher spezifiziert, wie es Tabelle 4-2 zeigt. Der erste Aspekt Aktionsrahmen ist in einer niedrigen Reifestufe durch eine teilweise Koordinierung gekennzeichnet und in einer höheren Reifestufe dagegen gesamtheitlich. Die Ausprägungen des zweiten Gestaltungsaspektes, der Konzentration auf die IP-Koordinierung, liegen in niedriger Reife teilweise gebündelt und bei höherer Reife dagegen strategisch gebündelt vor.

Abbildung 4-2 stellt die vier Reifestufen des Elements IP-Koordinierung dar. Mit der ersten Reifestufe N sind Unternehmen gemeint, die das Element bisher noch nicht ausführen, aber in Zukunft anstreben, dies zu tun. Auf Reifestufe 1 befindet sich das Patentmanagement eines Unternehmens, gesetzt den

Fall, dass es seine Patente und andere Schutzrechtsaktivitäten vereinzelt koordiniert betrachtet. Werden die Patente und andere Schutzrechtsaktivitäten teilweise, d.h. auf das Geschäftsfeld bezogen oder vom Produkt abhängig, koordiniert, dann wird den Aufgaben und Fähigkeiten des Unternehmens die Reifestufe 2/3 bescheinigt. Mit der Reifestufe 4 werden Unternehmen charakterisiert, die ihre Patente im Rahmen einer gesamtheitlichen Schutzrechtstrategie einsetzen und in strategischen Bündeln mit anderen Schutzrechtsaktivitäten koordinieren.

4.1.2 Lebenszyklusmanagement

Das Element Lebenszyklusmanagement steht für Aufgaben und Fähigkeiten im Umgang mit Patenten im Verlauf des Lebenszyklus eines Patents, der in der Regel über einem Zeitraum von 20 Jahren verlaufen kann. Ob in diesen Jahren ein Patent aufrechterhalten oder abgestoßen wird, ist dabei von verschiedenen Faktoren, die beispielsweise die Anmelde- und Aufrechterhaltungsgebühr, das Patentalter sowie den Schutzbereich des Patents betreffen, abhängig (Hikkerova et al. 2014). Darüber hinaus wird der Lebenszyklus eines Patents auch von den Markt- und Technologieveränderungen, die je nach Technologie sehr dynamisch sein können, beeinflusst. So werden Patente der Pharmaindustrie im Allgemeinen über einen längeren Zeitraum aufrechterhalten, demgegenüber werden Patente im Bereich der Informationstechnologie häufiger vorzeitig abgestoßen oder fallen gelassen (Bader et al. 2012).

Hinsichtlich des Lebenszyklusmanagement werden verschiedene Ansätze diskutiert. Smith und Hansen (2002) unterteilen das strategische IP-Management in die Abschnitte Generierung, Schutz sowie Bewertung und argumentieren, dass Unternehmen sicherstellen müssen, dass diese Aktivitäten mit der Unternehmensstrategie in Einklang stehen. Carlsson et al. (2008) entwickeln einen allgemeinen IP-Managementprozess, wohingegen Lynskey (2009) ein klassisches Wertschöpfungskettenmodell diskutiert. All diese Ansätze geben zwar Hilfestellung im Umgang mit den Patenten, es fehlt ihnen aber eine ganzheitliche Perspektive.

Einen holistischen Ansatz verfolgen Bader et al. (2012), die den Lebenszyklus eines Patents in Phasen unterteilen. Der Lebenszyklus ist dabei von der strategischen Bedeutung sowie von den zur Verfügung stehenden Unter-

Tab. 4-3: Morphologie des Elements Lebenszyklusmanagement mit zwei Gestaltungsaspekten und deren Ausprägungen (Quelle: Eigene Darstellung).

			Lebenszyklusmanagement
Gestaltungsaspekt	**Ausprägungen**		
Rechtsbeständigkeit	strategisch verwerten	dauerhaft gehalten	fallen gelassen
Relevanzprüfung	permanent	unregelmäßig	selten

nehmensressourcen abhängig und berücksichtigt in jeder Phase die Handlungsfreiheit, die Abgrenzung gegenüber dem Wettbewerb sowie die Durchsetzbarkeit der Patente. Der Lebenszyklus beginnt in ihrem Falle, noch bevor ein Patent überhaupt generiert wird, also mit der Identifikation und Bewertung von Ideen für Erfindungen.

Das Element Lebenszyklusmanagement konfrontiert das Unternehmen somit mit folgenden Fragen:

- Wie lange soll die Rechtsbeständigkeit der eigenen Patente aufrechterhalten werden?
- Werden eigene Patente bezüglich ihrer Relevanz für das eigene Geschäftsfeld überprüft?
- Wie häufig erfolgt die Relevanzprüfung im Laufe der Rechtsbeständigkeit der eigenen Patente?
- Werden nicht relevante Patente zum Verkauf angeboten oder fallen gelassen?

Um das Element Lebenszyklusmanagement im Rahmen des 7D Reifegradmodells für das Patentmanagement mit Reifestufen näher beschreiben zu können, wird eine Morphologie herangezogen. Diese Morphologie ist durch zwei Gestaltungsaspekte in jeweils drei Ausprägungen gegeben, wobei die Ausprägungen unterschiedliche Reifestufen repräsentieren. Der erste Gestaltungsaspekt Rechtsbeständigkeit kann, wie in Tabelle 4-3 aufgeführt, in den Ausprägungen, strategisch verwerten, dauerhaft gehalten oder fallen gelassen, vorliegen. Die Relevanzprüfung, der zweite Gestaltungsaspekt, ist dagegen dadurch gekennzeichnet, dass sie – in absteigender Reifestufe – permanent, unregelmäßig oder selten durchgeführt werden kann.

Ein Unternehmen kann demnach das Management des Lebenszyklus eines Patents in differenzierter Art und Weise durchführen. Abbildung 4-3 zeigt die Beschreibungen der Reifestufen für die Fähigkeiten zur Gestaltung des Lebenszyklusmanagements. Setzt ein Unternehmen bisher kein Lebenszyklusmanagement um, so werden seine Aufgaben und Fähigkeiten mit der Reifestufe N benannt. Werden Patente in der Regel aber über die gesamte (mögliche) Laufzeit aufrechterhalten, ohne deren Nutzen zu hinterfragen, dann wird dem Patentmanagement die Reifestufe 1 bescheinigt. Das Unternehmen steht dagegen auf Reifestufe 2, wenn es die eigenen Patente in unregelmäßigen Abständen hinsichtlich ihrer Relevanz für das Geschäftsfeld überprüft und gegebenenfalls extern anbietet oder fallen lässt. Mit der Reifestufe 3 werden Unternehmen eingestuft, sofern sie die eigenen Patente in regelmäßigen Abständen hinsichtlich ihrer Relevanz für das Geschäftsfeld überprüfen und gegebenenfalls extern anbieten oder fallen lassen. Schlussendlich sind die

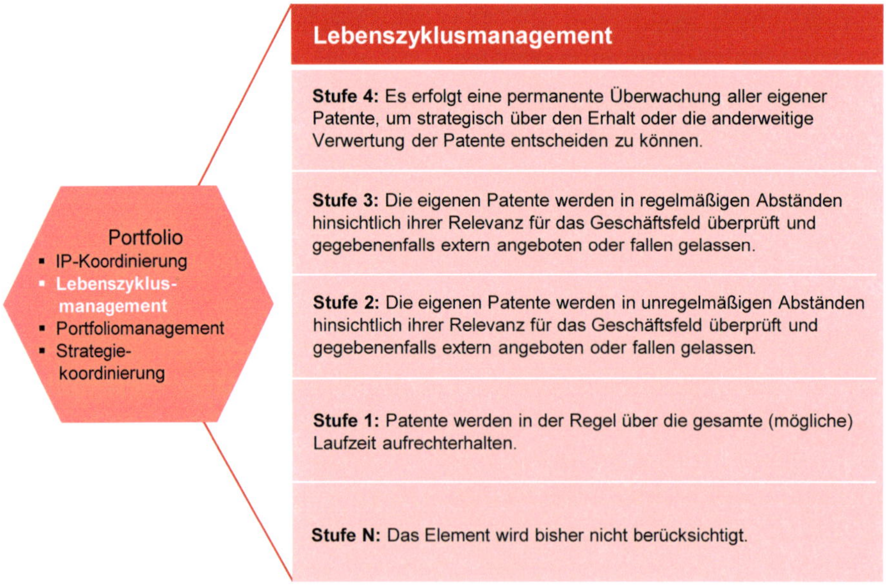

Abb. 4-3: Reifestufen des Elements Lebenszyklusmanagement der Dimension Portfolio (Quelle: Eigene Darstellung).

Fähigkeiten mit Reifestufe 4 zu bewerten. Auf dieser Stufe erfolgt in den Unternehmen eine permanente Überwachung aller, eigenen Patente. Dadurch sind die Unternehmen in der Lage, auch strategisch über den Erhalt oder die anderweitige Verwertung der Patente zu entscheiden.

4.1.3 Portfoliomanagement

Aufgaben und Fähigkeiten im Patentmanagement, die den Umgang mit der im Unternehmen zur Verfügung stehenden Patentmenge und deren Verwendung innerhalb eines Unternehmens betreffen, werden im 7D Reifegradmodell mit dem Element Portfoliomanagement umfasst. Es geht also konkret um die Verwaltung und um das aktive Management des Patentportfolios, d.h. der Gesamtheit an Patenten, die das Unternehmen entweder selbst generiert, gekauft oder zu denen es Zugriff auf Basis von Lizenzvereinbarungen hat.

Die Größe des Patentportfolios ist in der Regel von verschiedenen Faktoren abhängig. Zum einen bestimmt die Unternehmens- und/oder Patentstrategie die Optimierung des Patentportfolios, zum anderen kann die Anzahl der im Unternehmen generierten Patente obendrein durch die Motivation der Erfinder beeinflusst werden (Frischkorn 2017). Darüber hinaus kann eine wichtige Erfindung von einem Wettbewerberunternehmen durch ein Patent geschützt sein, welches gekauft oder lizenziert werden muss, um weiterhin in spezifischen Geschäftsfeldern tätig sein zu können. Aufgabe des Portfoliomanagements ist dabei die Überwachung und Anpassung des Umfangs der zur Verfügung stehenden Patentmenge; und somit hat das Portfoliomanagement einen großen Einfluss auf die Leistungsfähigkeit, aber auch die Kosten des Patentmanagements. Ziel des Portfoliomanagements ist es daher, in demselben Maße kommerzielle Nutzungsmöglichkeiten für eigene Patente zu identifizieren und den monetären Rückfluss aus dem gesamten Patentportfolio zu maximieren (Ernst 1996).

Das Patentportfolio eines Unternehmens oder eines Wettbewerbers kann mit Hilfe verschiedener Analysen untersucht und bewertet werden (Möhrle und Kreusch 2001 sowie Walter und Schnittker 2016). Dabei werden die Patente in der Regel anhand von Faktoren, die durch das Unternehmen oder durch strategische Geschäftsfelder beeinflusst werden, bewertet und die Analyseergebnisse in eine häufig zweidimensionale Darstellung überführt, dessen Achsen die jeweils berücksichtigten Faktoren darstellen (siehe hierzu beispielsweise Brockhoff 1992, Ernst 1996 und 1998, Hofinger 1997 sowie Möhrle und Kreusch 2001).

Im Rahmen des Elements Portfoliomanagement stellt sich ein Unternehmen den folgenden Fragen:

- Wird das eigene Patentportfolio auch um relevante fremde Patente erweitert?
- Wie erfolgt der Ausbau des Patentportfolios?
- Wird das Patentportfolio regelmäßig überwacht?
- Werden beim Ausbau des Patentportfolios gegenwärtige und zukünftige Geschäftsfelder berücksichtigt?

Das Element Portfoliomanagement kann in den Unternehmen unterschiedlich ausgeführt werden. Um diese Unterschiede in den Aufgaben und Fähigkeiten des Patentmanagements mit Reifestufen herauszuarbeiten, werden zwei Gestaltungsaspekte innerhalb einer Morphologie, wie Tabelle 4-4 aufgeführt, mit jeweils drei Ausprägungen herangezogen,. So kann der Ausbau des Portfolios in einem Unternehmen eher selten – also einer niedrigen Reifestufe entsprechend – erfolgen, in höherer Reifestufe dann aber teilweise oder gar gezielt dynamisch geschehen. Die Kontrolle des Portfolios, der zweite Gestaltungsaspekt, findet in einer niedrigen Reifestufe ebenso selten statt, kann aber entsprechend einer höheren Stufe auch unregelmäßig oder gar kontinuierlich erfolgen.

Ein Unternehmen kann auf der einen Seite im Besitz verschiedener, für spezifische Geschäftsfelder relevanter Patente sein, ohne ein Portfolio-

Tab. 4-4: Morphologie des Elements Portfoliomanagement mit zwei Gestaltungsaspekten und deren Ausprägungen (Quelle: Eigene Darstellung).

			Portfoliomanagement
Gestaltungsaspekt	**Ausprägungen**		
Ausbau	gezielt dynamisch	teilweise	selten
Kontrolle	kontinuierlich	unregelmäßig	selten

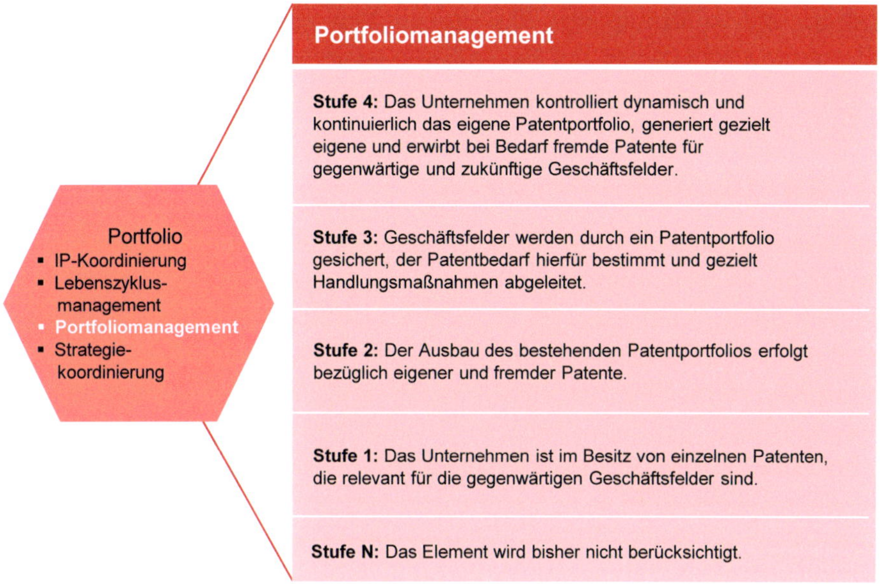

Abb. 4-4: Reifestufen des Elements Portfoliomanagement der Dimension Portfolio (Quelle: Eigene Darstellung).

management zu betreiben. Auf der anderen Seite kann das Unternehmen aber auch gezielt den Bedarf an eigenen und fremden Patenten kontrollieren, um dadurch auf bestehenden und zukünftigen Geschäftsfeldern wirtschaftlich tätig sein zu können.

Abbildung 4-4 zeigt im Ganzen fünf Reifestufen, die das Element Portfoliomanagement näher beschreiben. Ausgehend von Reifestufe N, auf welcher das Element von dem Unternehmen bisher nicht berücksichtigt wurde, folgt die Reifestufe 1, die widerspiegelt, dass das Unternehmen im Besitz einzelner Patente ist, die für die gegenwärtigen Geschäftsfelder relevant sind. Setzt das Patentmanagement eines Unternehmens Aufgaben und Fähigkeiten um, die dem Ausbau des bestehenden Patentportfolios bezüglich eigener und fremder Patente dienlich sind, nimmt es die Reifestufe 2 ein. Die Reifestufe 3 kennzeichnet ein Unternehmen dann, sobald es spezifische Geschäftsfelder durch ein Patentportfolio sichert, hierfür den Patentbedarf ermittelt und gezielt Handlungsmaßnahmen ableitet. Kontrolliert das Unternehmen jedoch dynamisch und kontinuierlich das eigene Patentportfolio, generiert zudem gezielt eigene und erwirbt bei Bedarf fremde Patente für die gegenwärtigen aber auch zukünftigen Geschäftsfelder, dann bewältigt es seine Aufgabe auf der Reifestufe 4.

4.1.4 Strategiekoordinierung

Strategiekoordinierung ist ein weiteres Element der Dimension Portfolio und beschreibt die Wechselwirkung zwischen der Patentstrategie[7] und der Unternehmensstrategie. Laut Burr et al. (2007) sollte die Patentstrategie eines Unternehmens in Übereinstimmung mit der Gesamtunternehmensstrategie, den einzelnen Geschäftsbereichsstrategien und der Forschungs- und Entwicklungsstrategie gebracht werden. Darüber hinaus zeigt eine Analyse der Aufgabenfelder des FuE-, Technologie-, Innovations- und Patentmanagements, dass gerade auf strategischer Ebene deutliche Schnittstellen zwischen den unterschiedlichen Unternehmensfunktionen vorhanden sind (Tiefel und Dirschka 2007 sowie Walter und Schnittker 2016). Dies zeigt also, dass das Patentmanagement, neben der Einbindung in unterschiedliche Funktionsbereiche, auch gezielt innerhalb der Unternehmensstrategie berücksichtigt werden sollte.

Das Patentmanagement eines Unternehmens hat sich beim Element Strategiekoordinierung mit folgenden Fragen auseinanderzusetzen:

- Besitzt das Unternehmen Kenntnis über Patentstrategien?
- Welchen Einfluss hat die Unternehmensstrategie auf die Patentstrategie (und vice versa)?
- In welcher Weise wird die Patentstrategie von der Unternehmensstrategie abgeleitet?
- Werden Patentstrategien gezielt weiterentwickelt und dynamisch angepasst?

[7] Der Begriff Patentstrategie ist ein schillernder Begriff. Aus unterschiedlichen taktischen Ansätzen heraus werden zahlreiche Arten von Patentstrategien diskutiert, die meist verschiedene Maßnahmen zur langfristigen Erreichung der Unternehmensziele betreffen. Zu nennen sind beispielsweise die Patentanmeldestrategie, Patentaufrechterhaltungsstrategie, Patentverteidigungsstrategie, Patentangriffsstrategie, Patentverletzungsstrategie u.v.a. (vgl. Walter und Schnittker 2016).

- Ist die Patentstrategie im gesamten Unternehmen implementiert und kommuniziert?

Die Vielzahl der strategischen Möglichkeiten hinsichtlich des Einsatzes von Patenten in den Unternehmen bedarf somit einer Strategiekoordinierung. Mit einer solchen Strategiekoordinierung sind zahlreiche Aufgaben und Fähigkeiten im Patentmanagement verbunden, die mit unterschiedlicher Reife durchgeführt werden können. Um das Element Strategiekoordinierung mit entsprechenden Reifestufen zu beschreiben, wird eine aus drei Gestaltungsaspekten zusammengesetzte Morphologie zugrunde gelegt, wobei die Reife sich hierbei durch bis zu drei alternativen Ausprägungen auszeichnet. Tabelle 4-5 zeigt diese Morphologie des Elements mit ihren Gestaltungsaspekten Implementierung, Koordination und Überprüfung der Strategiekoordinierung. Die Implementierung der Strategiekoordinierung kann dabei in einer niedrigen Stufe bereichsweise, auf einer höheren Stufe dagegen unternehmensweit erfolgen, wobei die Koordination teilweise aber auch ganzheitlich stattfinden kann. Die Überprüfung der Strategiekoordinierung – der dritte Gestaltungsaspekt – zeigt sich in drei Ausprägungen. Sie kann in niedriger Reife selten erfolgen, mit einer höheren Reifestufe dagegen unregelmäßig oder gar regelmäßig.

Innerhalb eines Unternehmens kann die Strategiekoordinierung demzufolge in unterschiedlicher Weise ausgeführt werden. Es besteht zum einen die Möglichkeit, dass auf einer niedrigen Reifestufe lediglich Grundkenntnisse von Patentstrategien bei den jeweiligen Patentverantwortlichen vorhanden sind, diese aber nicht aufeinander, bzw. nicht auf die Unternehmensstrategie abgestimmt ist. Auf der anderen Seite können die Unternehmen auf einer

Tab. 4-5: Morphologie des Elements Strategiekoordinierung mit drei Gestaltungsaspekten und deren Ausprägungen (Quelle: Eigene Darstellung).

			Strategiekoordinierung
Gestaltungsaspekt	**Ausprägungen**		
Implementierung	unternehmensweit	bereichsweise	
Koordination	ganzheitlich	teilweise	
Überprüfung	regelmäßig	unregelmäßig	selten

höheren Reifestufe ihre Patentstrategien koordinieren und beispielsweise auch unternehmensweit implementieren.

In Abbildung 4-5 sind die konkreten Ausführungsformen des Elements Strategiekoordinierung dargestellt. Wird das Element bisher nicht in den Unternehmen berücksichtigt, steht es auf der Reifestufe N. Sind dagegen bei den Patentverantwortlichen Grundkenntnisse von Patentstrategien vorhanden und werden diese im Unternehmen lediglich nicht aufeinander abgestimmt, dann wird das Unternehmen mit der Reifestufe 1 bewertet. Bei einem Unternehmen auf Reifestufe 2 besitzen alle Patentverantwortlichen erweiterte Grundkenntnisse über Patentstrategien und stimmen diese auch untereinander ab. Hat das Patentmanagement hingegen seine Patentstrategie in Abstimmung mit der Technologiestrategie des Unternehmens implementiert, werden die Aufgaben und Fähigkeiten der Reifestufe 3 zugeordnet. Auf Reifestufe 4 liegen demgegenüber die Aufgaben und Fähigkeiten, wenn die Patentstrategie koordiniert, unternehmensweit implementiert und seitens des Unternehmens regelmäßig überprüft bzw. aktualisiert wird.

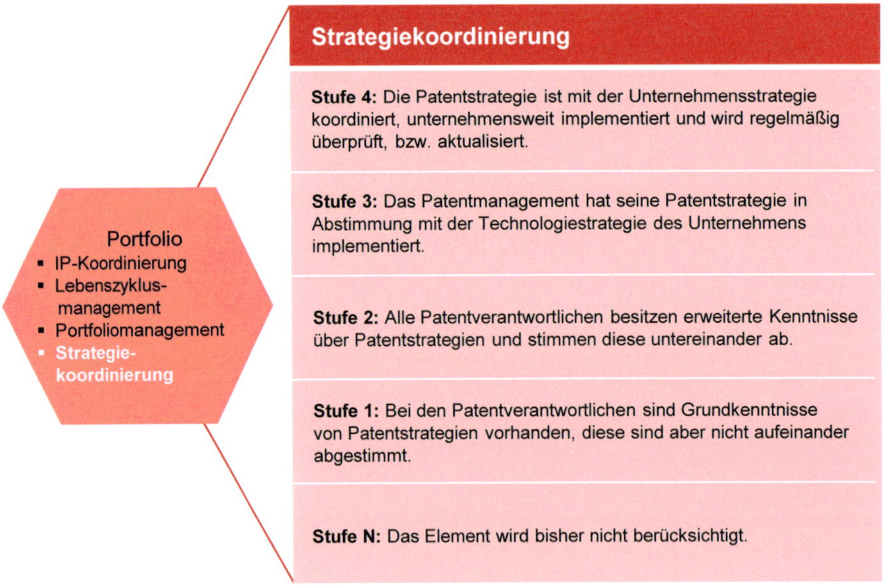

Abb. 4-5: Reifestufen des Elements Strategiekoordinierung der Dimension Portfolio (Quelle: Eigene Darstellung).

4.2 Generierung – Welche Patente sollen erzeugt werden?

Im Patentmanagement stellt sich ohne Zweifel immer die grundlegende Frage, welche Patente ein Unternehmen eigentlich selbst erzeugen soll. Antworten auf diese Frage geben solche Aufgaben im Patentmanagement, die sich mit dem Ablauf von der Erfindungsmeldung bis zur Anmeldung des Patents beim entsprechenden Patentamt auseinandersetzen. Hierbei hat das Patentmanagement die in den Ländern teilweise unterschiedlichen Patentgesetzgebungen zu berücksichtigen, je nachdem in welchem Land das Unternehmen für seine Erfindung einen Patentschutz erlangen möchte. Mit der Dimension Generierung werden die hierfür erforderlichen Fähigkeiten näher beschrieben. Sie stellt innerhalb des 7D Reifegradmodells für das Patentmanagement eine Basisdimension dar, denn durch die Generierung von Patenten werden die Elemente der Dimension Portfolio aktiviert. Darüber hinaus können durch Investitionen in diese Dimension Technologievorteile in Form von Patenten generiert werden.

Innerhalb der Dimension Generierung werden die vier – durch jeweils fünf Reifestufen näher beschriebenen – Elemente

- Anmeldeprozess (*Application Draft*),
- Anmeldestrategie (*Application Strategy*),
- Impulsgebung (*Driver*) und
- Lösungsalternative (*Design-Around*)

betrachtet und in den nachfolgenden Abschnitten näher erläutert. In Abschnitt 4.2.1 geht es als erstes um den Anmeldeprozess, welcher die Aktivitäten des Managements von der Erfindungsmeldung bis zur Patentanmeldung beschreibt, wohingegen im Abschnitt 4.2.2 die Anmeldestrategie im Vordergrund steht und Fähigkeiten thematisiert, die zeigen, wie Patente ziel- und nutzungsorientiert anzumelden sind, und wie beispielsweise entschieden werden kann, in welchen Ländern und zu welchem Zeitpunkt die jeweiligen Patente angemeldet werden sollen. Darauf folgt in Abschnitt 4.2.3 die Darstellung des Elements Impulsgebung. In diesem Element werden

Einzelpersonen bzw. Führungskräfte betrachtet, die Anlässe für die Generierung von Patenten in relevanten Technologiefeldern geben. Abschließend setzt sich Abschnitt 4.2.4 mit dem Element Lösungsalternative auseinander und widmet sich den Fragen, ob es für die Unternehmen notwendig ist, eine Lizenz für eine entsprechende Technologie zu nehmen, oder ob es möglich ist, eigene Lösungsalternativen für die Problemstellung zu entwickeln.

4.2.1 Anmeldeentwurf

Unter dem Element Anmeldentwurf werden Aufgaben und Fähigkeiten, die die Abläufe und deren Steuerung von der Erfindungsmeldung bis hin zur Patentmeldung betreffen, zusammengefasst und durch Reifestufen näher beschrieben. Bevor eine Patentanmeldung bei einem zuständigen Patentamt eingereicht werden kann, muss zunächst eine Erfindung vorliegen, die patentfähig ist. Wird die Idee zu einer Erfindung oder die Erfindung selbst von Mitarbeitern in einem Unternehmen hervorgebracht, handelt es sich um eine Diensterfindung, und die Erfinder sind verpflichtet, ihre Erfindung an die Verantwortlichen (Vorgesetzten) im Unternehmen zu melden. Der sogenannte gedungene Erfinder besitzt nämlich nicht die Freiheit, seine Diensterfindung selbst anzumelden oder gar Dritten anzubieten (Schilling 2014 sowie Walter und Schnittker 2016).

Zur Unterstützung der Aufgaben von der Erfindungsmeldung bis hin zur Patentanmeldung können Abläufe oder Prozesse innerhalb des Unternehmens definiert und den Mitarbeitern in Form von Vorlagen zugänglich gemacht werden. Im Anschluss an eine Erfindungsmeldung erfolgen in der Regel die Bewertung der Erfindung und eine Entscheidung, ob die Erfindung zum Patent angemeldet werden soll, oder eben nicht (vgl. hierzu und im Folgenden Gassmann und Bader 2017, Harhoff und Reitzig 2001, Junghans und Levy 2006, Pressmann und Tuytschaevers 2014, Schilling 2014 sowie Walter und Schnittker 2016). Grundlage der Entscheidung ist die Abwägung, ob das Patent dem Unternehmen einen Nutzen bietet, das bestehende Patentportfolio sinnvoll ergänzt bzw. ausgebaut wird und ob die Erfindung auch wirklich neu und dementsprechend patentfähig ist. Fällt die Entscheidung, eine Erfindung zum Patent anzumelden, ist ein Erteilungsantrag mit kurzer und genauer Erfindungsbezeichnung inklusive der ausformulierten Patentansprüche mit den unter Schutz zu stellenden Merkmalen beim Patentamt einzureichen. Um auch alle formalen Kriterien – die von Patentamt zu Patentamt auch unterschiedlich sein können – zu erfüllen, ist es ratsam, schon in diesem frühen Stadium der Patentanmeldung mit einem internen oder außenstehenden, externen Patentanwalt zusammenzuarbeiten. Der Erfinder liefert in diesem Fall das *Ausgangsmaterial* für die Patentanmeldung, in dem er dem Patentanwalt alle technisch notwendigen Details erläutert, so dass dieser dann die Patentansprüche in hinreichender *Patentfachsprache* dergestalt ausformuliert, das der spätere Schutzumfang – so weit wie möglich und so eng wie nötig – ausgelegt werden kann.

Das Element Anmeldeentwurf führt in einem Unternehmen schließlich zu folgenden Fragen:

- Wer ist für die Erfindungsmeldung und Patentanmeldung verantwortlich?
- Wie ist der Ablauf von der Erfindungsmeldung bis zur Patentanmeldung zu strukturieren?
- Sind den Erfindern respektive den Entwicklern die Ablaufprozesse hinsichtlich einer Patentanmeldung bekannt?
- Wird bei eingehenden Erfindungsmeldungen das bestehende Patentportfolio berücksichtigt?

Um im Folgenden das Element Anmeldentwurf mit entsprechenden Reifestufen dahingehend zu beschreiben, dass niedrige Reifestufen sich durch

Tab. 4-6: Morphologie des Elements Anmeldeentwurf mit vier Gestaltungsaspekten und deren Ausprägungen (Quelle: Eigene Darstellung).

			Anmeldeentwurf
Gestaltungsaspekt	**Ausprägungen**		
Einhaltung	vollständig	teilweise	
Leitung	aktiv	strukturiert	unstrukturiert
Rückkopplung	ja	nein	
Überprüfung	umfassend	teilweise	

vorhandene, aber nicht zwingend eingehaltene Abläufe auszeichnen, hohe Reifestufen hingegen durch ein aktives Management der Abläufe charakterisiert werden, wird eine Morphologie bestehend aus vier Gestaltungsaspekten mit jeweils bis zu drei Ausprägungen zugrunde gelegt. Tabelle 4-6 listet die vier Gestaltungsaspekte mit ihren jeweiligen Ausprägungen auf. Der erste Gestaltungsaspekt zielt auf die Einhaltung des Anmeldentwurfs, wobei die Einhaltung teilweise (niedrige Reifestufe) oder vollständig (hohe Reifestufe) erfolgen kann. Der Anmeldeentwurf kann hierbei durch die Leitung unstrukturiert, strukturiert oder aktiv vorangetrieben werden, und dementsprechend können die Aufgaben und Fähigkeiten im Patentmanagement durch eine niedrige bis zu einer hohe Reifestufe eingeordnet werden. Erfolgt eine Rückkopplung mit dem eigenen Patentportfolio, dann wird das Unternehmen mit einer hohen Reifestufe bewertet, erfolgt sie nicht, wird es mit einer niedrigen Reifestufe bewertet. Der vierte Gestaltungsaspekt fokussiert auf die Überprüfung des Anmeldeentwurfs, die teilweise (niedrige Reifestufe) oder umfassend (hohe Reifestufe) vonstattengehen kann.

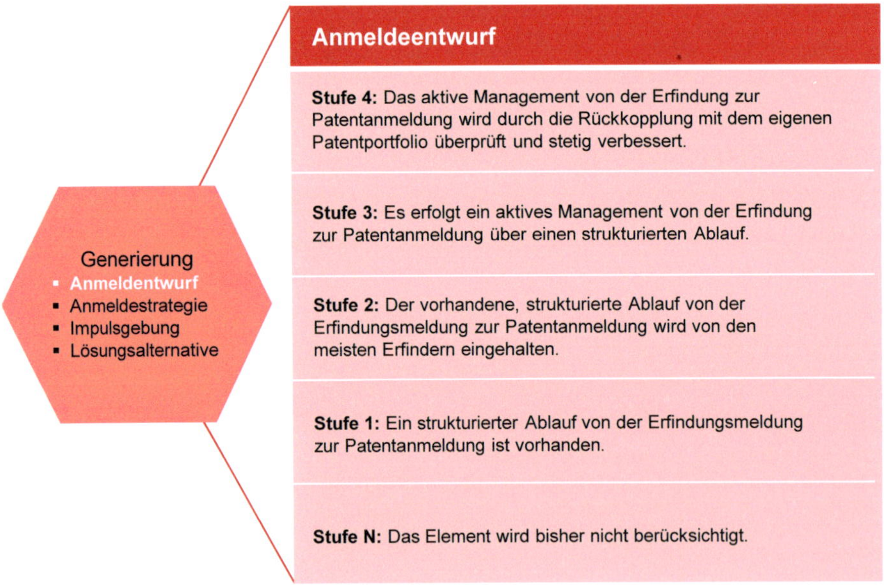

Abb. 4-6: Reifestufen des Elements Anmeldeentwurf der Dimension Generierung (Quelle: Eigene Darstellung).

Abbildung 4-6 zeigt die fünf Reifestufen des Elements Anmeldeentwurf zur Einordnung der hierbei notwendigen Aufgaben und Fähigkeiten im Patentmanagement. Wird das Element Anmeldeentwurf von einem Unternehmen womöglich gar nicht berücksichtigt, landet es auf der niedrigsten Reifestufe N. Auf Reifestufe 1 befinden sich Unternehmen, in welchen ein strukturierter Ablauf von der Erfindungsmeldung bis zur Patentanmeldung zwar vorhanden, aber nicht von allen Mitarbeitern eingehalten wird, möglicherweise weil er ihnen nicht bekannt ist. Das Unternehmen hat dagegen die Reifestufe 2 erreicht, wenn der vorhandene, strukturierte Ablauf von den meisten Erfindern eingehalten wird. Mit der Reifestufe 3 werden Unternehmen eingeschätzt, die über einen strukturierten Ablauf ein aktives Management von der Erfindung bis zur Patentanmeldung betreiben. Erfolgt das aktive Management aber in der Gestalt, dass es durch die Rückkopplung mit dem eigenen Patentportfolio überprüft und stetig verbessert wird, wird dem Unternehmen die Reifestufe 4 bescheinigt.

4.2.2 Anmeldestrategie

Die Koordinierung der technologischen, wirtschaftlichen, rechtlichen, zeitlichen und länderspezifischen Strategie zur Anmeldung eines Patents sind Aufgaben und Fähigkeiten im Patentmanagement, die unter dem Element Anmeldestrategie vereint werden (Gassmann und Bader 2017 sowie Knight 2013). Es geht dabei vor allem darum, mit welchen Intentionen eine Erfindung angemeldet werden soll, ob sie eher fallweise zur Sicherung einer technologischen Position oder systematisch zu Unterstützung der Unternehmensstrategie erfolgen soll (Weber et al. 2007). Je nach Intention lassen sich zeitliche und räumliche Aspekte unterscheiden (siehe hierzu und im Folgenden DeMatteis 2005, Jell 2012, Junghans und Levy 2006 sowie Wagner und Thieler 2007).

Bei dem zeitlichen Aspekt geht es um Entscheidungen, die sich im chronologischen Verlauf des Patentierungsverfahrens stellen, beispielsweise, ob ein Patent früh anzumelden und das Prüfverfahren spät anzusetzen ist. Besteht nämlich das Risiko, dass ein Wettbewerber oder ein anderer Erfinder ein gleiches bzw. sehr ähnliches Patent anmeldet und damit der eigene Patentanspruch nicht mehr geltend gemacht werden kann, dann ist es geboten, die eigene Erfindung schnellstmöglich zum Patent anzumelden, um die Priorität zu sichern. Auf der anderen Seite könnte ein Unternehmen das Prüfverfahren hinauszögern wollen, um die Wettbewerber, die im selben Forschungs- und Entwicklungsgebiet arbeiten, zu verunsichern. Je länger das Prüfungsverfahren andauert, desto länger tappen die Wettbewerber im Dunkeln, da sie nicht wissen, inwiefern ihr Forschungs- und Entwicklungsgebiet eingeengt wird. Zudem würden durch die Verzögerungstaktik anfallende Kosten auf spätere Zeitpunkte verschoben werden.

Für den räumlichen Aspekt steht die Frage, in welchen Ländern ein Patentschutz notwendig ist, im Vordergrund. Die räumliche Expansion des Patentschutzes hängt von der Art der wirtschaftlichen und technologischen Nutzung der Erfindung ab und wird nicht zuletzt durch die erheblichen finanziellen Aufwendungen für flächendeckende Patentanmeldungen beeinflusst (Tiefel und Haas 2005, Wagner und Thieler 2007). In diesem Zusammenhang sind detaillierte Kenntnisse zu den in den interessierenden Ländern bestehenden Patentgesetzen und deren Ausgestaltungsmöglichkeiten notwendig, um eine geeignete Anmeldung etablieren zu können.

Die genannten Aspekte des Elements Anmeldestrategie führen das Unternehmen zu mehreren Fragen:

- Welche Intention wird mit der Anmeldestrategie verfolgt?
- Wann wird eine Patentanmeldung in Erwägung gezogen?
- In welchen Ländern soll das Patent angemeldet werden?
- Wann soll das Patent angemeldet werden?
- Sind die geplanten Patentanmeldungen technologisch und wirtschaftlich relevant?

Zur Beschreibung des Elements Anmeldestrategie werden Reifestufen herangezogen, die sich einer aus zwei Gestaltungsaspekten mit jeweils drei Ausprägungen bestehenden Morphologie bedienen. In Tabelle 4-7 sind die beiden Gestaltungsaspekte mit ihren Ausprägungen aufgeführt. Die Ausgestaltung der Anmeldestrategie kann – mit ansteigender Reife – zufällig (bottom up), projektspezifisch (gemischt) und nutzenorientiert (top down) sowie bezogen

Tab. 4-7: Morphologie des Elements Anmeldestrategie mit zwei Gestaltungsaspekten und deren Ausprägungen (Quelle: Eigene Darstellung).

			Anmeldestrategie
Gestaltungsaspekt	**Ausprägungen**		
Ausgestaltung	nutzenorientiert (top down)	projektspezifisch (gemischt)	zufällig (bottom up)
Horizont	strategie-abhängig	operativ wirtschaftlich	technologisch relevant

auf einen unterschiedlichen Horizont, nämlich technologisch relevant, operativ wirtschaftlich oder strategieabhängig erfolgen.

Abbildung 4-7 stellt insgesamt fünf Reifestufen für das Element Anmeldestrategie vor. Mit der Reifestufe N wird ein Unternehmen eingestuft, sofern es das Element nicht berücksichtigt. Auf Reifestufe 1 finden sich Unternehmen wieder, die unter Hinzuziehung eines externen Patentanwalts,

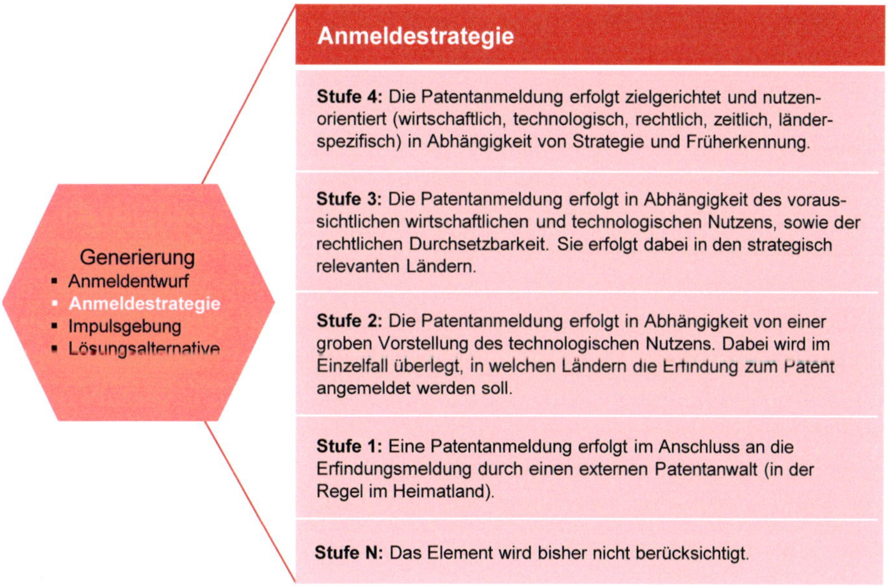

Abb. 4-7: Reifestufen des Elements Anmeldestrategie der Dimension Generierung (Quelle: Eigene Darstellung).

der in der Regel im Heimatland ansässig ist, die eingegangene Erfindungsmeldung für eine Patentanmeldung auf den Weg bringt und beim Patentamt alle geforderten Unterlagen einreicht. Erfolgt in Abhängigkeit von einer groben Vorstellung des technologischen Nutzens die Patentanmeldung und wird im Einzelfall zudem seitens des Unternehmens überlegt, in welchen Ländern die Erfindung zum Patent angemeldet werden soll, kann dem Unternehmen die Reifestufe 2 bescheinigt werden. Mit der Reifestufe 3 werden dagegen Unternehmen charakterisiert, die in Abhängigkeit des voraussichtlichen wirtschaftlichen und technologischen Nutzens sowie der rechtlichen Durchsetzbarkeit ihre Patentanmeldungen in strategisch relevanten Ländern bei den entsprechenden Patentämtern einreichen. Führen die Unternehmen ihre Patentanmeldungen demgegenüber in Abhängigkeit von Strategie und Früherkennung zielgerichtet und nutzenorientiert (wirtschaftlich, technologisch, rechtlich, zeitlich, länderspezifisch) durch, sind die Aufgaben und Fähigkeiten im Patentmanagement hinsichtlich des Elements Anmeldestrategie mit der Reifestufe 4 zu bewerten.

4.2.3 Impulsgebung

In dem Element Impulsgebung werden Einzelpersonen (Erfinder und Entwickler) bzw. Führungskräfte (Management) betrachtet, die Anlässe für die Generierung von Patenten in relevanten Technologiefeldern geben. Sie sind als Treiber wichtige Akteure im Patentmanagement. Denn um sich auf einem Markt durch Patente etablieren zu können, muss das Unternehmen die Fähigkeiten besitzen, Patente in angemessener Anzahl und Qualität zu generieren, um damit ein angemessenes Patentportfolio bereitzustellen. Unternehmen, die gezielt Patente generieren möchten, können nicht nur auf kreative Erfinder und Entwickler setzen, die zufällig auf eine patentierfähige Erfindung stoßen. Sie müssen vielmehr die hierfür nötigen Informationen den dafür verantwortlichen Mitarbeitern kommunizieren und im besten Fall auch Patentverantwortliche zur Verfügung stellen, die die gewünschten Patentierungsaktivitäten voranbringen. Zudem ist es wichtig, dass den Erfindern seitens des Unternehmens so genau wie möglich erklärt wird, aus welchen strategischen Gründen die Patente benötigt werden und in welche Richtung sie Patente generieren sollen, um in wichtigen Geschäftsfeldern über ein ausreichendes eigenes Patentportfolio zu verfügen.

Interne Impulsgebung

In Unternehmen führen oftmals strategische Entscheidungen dazu, dass sie in spezifischen Bereichen Patente generieren, um beispielsweise die eigenen Erfindungen zu schützen, Verletzungsklagen vorzubeugen, die Verhandlungsposition zu stärken oder Kreuzlizenzierungen einzugehen (Graham und Sichelman 2010). Treiber der Patentierung ist in diesen Fällen häufig das Management, welches über verschiedene Anreizmechanismen den Impuls zu erfinderischen Tätigkeiten gibt. Es kommt jedoch auch vor, dass Entwickler und Erfinder selbst Treiber der Patentierung sind, da diese auf Basis ihrer vorherigen unternehmerischen Erfahrung und persönlichen Interessen mit Patentierungsmechanismen vertraut sind (Krabel und Mueller 2009).

Externe Impulsgebung

Neben internen Erfindern können Unternehmen auch auf externe Erfinder und Partner, beispielsweise Kunden der Unternehmen, zurückgreifen, die in die FuE-Aktivitäten des Unternehmens eingebunden werden. In diesem Zusammenhang wird häufig von *Open Innovation* gesprochen. Darunter wird ein Konzept verstanden, dass die zweckmäßige Nutzung von in das Unternehmen ein- und ausdringendem Wissen, unter Anwendung interner und externer Vermarktungswege, zur Innovationsgenerierung beschreibt. Es geht somit darum, durch die Öffnung der Unternehmensgrenzen und durch eine strategische Nutzung der Außenwelt das eigene Innovationspotenzial zu vergrößern (vgl. beispielsweise Chesbrough 2006 und Chesbrough et al. 2008). Patente und weitere Schutzrechte geistigen Eigentums spielen auch bei *Open Innovation* eine wichtige Rolle. Beispielsweise kann eine bestehende unternehmenseigene Entwicklung oder Erfindung, die noch nicht zur Vermarktung geführt wurde, durch externe Impulse weiterentwickelt werden; diese kann dann unter Umständen – durch ein Patent geschützt – zu einer wirtschaftlich erfolgreichen Innovation geführt werden (Chesbrough 2006, Enkel et al. 2011 sowie Gassmann und Bader 2017).

Kurzum, im Zusammenhang mit dem Element Impulsgebung (intern / extern) ist das Unternehmen mit folgenden Fragen konfrontiert:

- Wer im Unternehmen ist der Treiber von Erfindungen?

- Welchen Einfluss hat das Management auf Patentaktivitäten im Unternehmen?
- Werden Impulse zur Patentierung auch von Außerhalb wahrgenommen?
- Werden Erfinder auch zu fachübergreifenden Erfindungen ermutigt?
- Werden externe Erfinder in Patentaktivitäten eingebunden?
- Fließen Kundenwünsche in Patentaktivitäten ein?

Zur Beschreibung der Fähigkeiten im Patentmanagement innerhalb des Elements Impulsgebung (intern wie auch extern) wird eine Morphologie bestehend aus vier Gestaltungsaspekten verwendet, deren Ausprägungen eine Beschreibung in Reifestufen ermöglichen. Tabelle 4-8 zeigt diese Morphologie mit den Gestaltungsaspekten Bereichsauswahl, Einbindung externer Partner, Erfinderermutigung und Treiber mit ihren jeweiligen Ausprägungen, die für eine niedrigere oder eine höhere Reifestufe stehen. Die Bereichsauswahl der Impulsgebung kann dabei teilweise koordiniert oder gezielt ausgeprägt sein, die Einbindung externer Partner selten oder regelmäßig und die Erfinderermutigung fachbezogen oder fachübergreifend, entsprechend einer niedrigen respektive hohen Reifestufe, erfolgen. Der Gestaltungsaspekt Treiber zeichnet sich durch die drei Ausprägungen bottom up (Erfinder),

Tab. 4-8: Morphologie des Elements Impulsgebung mit vier Gestaltungsaspekten und deren Ausprägungen (Quelle: Eigene Darstellung).

			Impulsgebung (intern / extern)
Gestaltungsaspekt	**Ausprägungen**		
Bereichsauswahl	gezielt	teilweise koordiniert	
Einbindung externer Partner	regelmäßig	selten	
Erfinderermutigung	fachübergreifend	fachbezogen	
Treiber	gemischt (Erfinder und Management	top down (Management)	bottom up (Erfinder)

top down (Management) und gemischt (Erfinder und Management) aus, wobei die genannten Ausprägungen für eine niedrige bis zu einer hohen Reifestufe stehen.

Abbildung 4-8 stellt unter Einbeziehung der dargelegten Morphologie für die interne wie auch für die externe Sichtweise jeweils fünf Reifestufen zur

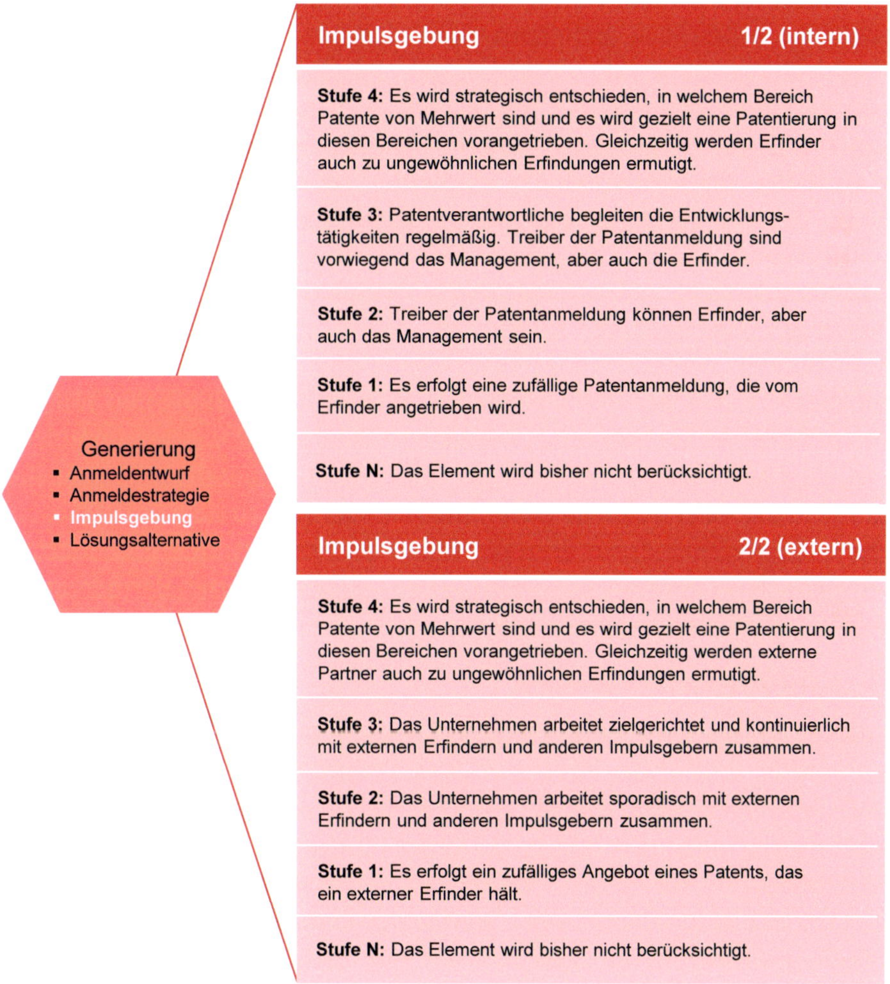

Abb. 4-8: Reifestufen des Elements Impulsgebung der Dimension Generierung (Quelle: Eigene Darstellung).

Beschreibung des Elements Impulsgebung vor. Unternehmen werden in Reifestufe N eingeordnet, die das Element Impulsgebung bisher nicht berücksichtigen, und dies gilt für die interne wie auch für die externe Sichtweise. Reifestufe 1 bedeutet dagegen, dass (intern) eine zufällige Patentanmeldung vom Erfinder angetrieben wird bzw. (extern) das Unternehmen ein zufälliges Angebot eines Patents erhält, welches von einem externen Erfinder gehalten wird. Werden die Fähigkeiten mit Reifestufe 2 bewertet, sind (intern) in einem Unternehmen neben den Erfindern auch das Management die Treiber der Patentanmeldung, oder das Unternehmen arbeitet (extern) sporadisch mit externen Erfindern und anderen Impulsgebern zusammen. Mit der Reifstufe 3 sind unter interner Betrachtung Unternehmen verbunden, in welchen Patentverantwortliche die Entwicklungstätigkeiten regelmäßig begleiten und in denen die Treiber der Patentanmeldung vorwiegend das Management, aber auch die Erfinder, sind. Unter externer Betrachtung arbeitet das Unternehmen auf einer Reifestufe 3 zielgerichtet und kontinuierlich mit externen Erfindern und anderen Impulsgebern zusammen. Wird strategisch entschieden, in welchem Bereich Patente von Mehrwert sind und wird gezielt eine Patentierung in diesen Bereichen vorangetrieben, werden die Fähigkeiten mit Reifestufe 4 (bei interner Betrachtung) bewertet. Gleichzeitig werden Erfinder hier auch zu ungewöhnlichen Erfindungen ermutigt. Auch auf Reifestufe 4 (bei externer Betrachtung) befinden sich Unternehmen, die strategisch entscheiden, in welchem Bereich Patente von Wert sind und gezielt eine Patentierung in diesem Bereich vorantreiben. Gleichzeitig werden externe Partner auch zu ungewöhnlichen Erfindungen ermutigt.

4.2.4 Lösungsalternative

Die Lösungsalternative ist ein weiteres Element der Dimension Generierung. Hierbei geht es dem Unternehmen darum, Lösungen zu finden, um in einem Geschäftsfeld trotz hinderlicher Patente der Wettbewerber aktiv sein zu können und um eventuell nötige Lizenzzahlungen oder ein Aufgeben des Geschäftsfeldes zu vermeiden. Sollten unter Umständen die Aktivitäten in einem Geschäftsfeld durch ein Wettbewerberpatent erschwert oder gar unmöglich geworden sein, existieren für das betroffene Unternehmen Auswege, um Patentverletzungen zu vermeiden und um weiterhin in dem

Geschäftsfeld tätig zu sein (siehe hierzu und im Folgenden DeMatteis 2005 sowie Veldhuijzen van Zanten und Wits 2015):

- Durch das Entwerfen um eine Erfindung herum, dem sogenannten *Design-Around*, können Alternativen zu einer patentierten Erfindung gefunden werden, die nicht die Patentansprüche des Patents verletzen.
- Das störende Patent kann vom Wettbewerber käuflich erworben werden, oder das Unternehmen kann sich Lizenzen für das betroffene Patent verschaffen.
- Das Unternehmen kann mit dem Wettbewerber dahingehend kooperieren, indem es mit diesem auf dem betroffenen Geschäftsfeld gemeinsam Forschungs- und Entwicklungsaktivitäten in Gang bringt.

Da in der Praxis in einigen Branchen das Erwerben von Patenten oder Lizenzen oftmals vermieden wird, aber auch Kooperationen mit Wettbewerbern in attraktiven Geschäftsfeldern hinsichtlich gemeinsamer Patentierungsaktivitäten schwierig ist, scheint für das Element Lösungsalternative das *Design-Around* der Ausweg zu sein. Dafür sollte das Unternehmen alle nötigen Informationen (Patente, Produktinformationen etc.) beschaffen, die das betroffene Geschäftsfeld tangieren. Des Weiteren sind die Patentansprüche der betroffenen Wettbewerberpatente genau zu analysieren, um auch eine Umgehungslösung finden zu können. Eine Merkmalsanalyse kann hierzu besonders hilfreich sein, die ergänzend potenzielle Patentverletzungsgefahren aufdeckt.

Auch wenn durch das *Design-Around* alternative Lösungen zu den patentierten Erfindungen aufgespürt werden, muss das Unternehmen diese nicht unbedingt zum Patent anmelden. Es kann diese Lösungen (Erfindungen) – je nach wirtschaftlichem oder technologischem Nutzen – auch durch eine Geheimhaltung schützen (Ensthaler und Strübbe 2006 sowie Gassmann und Bader 2017) oder die Strategie des defensiven Publizierens verfolgen, um andere davon abzuhalten, in einem bestimmten Geschäftsfeld Patente zu platzieren (Walter und Schnittker 2016).

Die dargelegten Aspekte zum Element Lösungsalternative zeigen, dass sich ein Unternehmen folgende Fragen stellen sollte:

- Wie werden für wichtige fremde Patente Umgehungslösungen gesucht?
- Werden Umgehungslösungen hinsichtlich des wirtschaftlichen und des technologischen Nutzens für das Geschäftsfeld überprüft?
- Unter welchen Umständen wird eine Lizenz in Betracht gezogen?
- In welcher Weise werden bei den Patentierungsaktivitäten eigener Erfindungen Umgehungslösungen mit einbezogen?

Um die Aufgaben und Fähigkeiten hinsichtlich des Elements Lösungsalternative durch Reifestufen näher charakterisieren zu können, kann – wie in Tabelle 4-9 aufgeführt – eine Morphologie bestehend aus zwei Gestaltungsaspekten mit zwei respektive drei Ausprägungen herangezogen werden. So kann die Beeinflussung des Geschäftsfeldes (erster Gestaltungsaspekt) seitens des Unternehmens manchmal (niedrige Reifestufe) oder aktiv (hohe Reifestufe) erfolgen. Möchte das Unternehmen primär einen einem wirtschaftlichen Nutzen erzielen, dann werden die Fähigkeiten im Patentmanagement in einer eher niedrigen Reifestufe ausgeführt, zielt das Unternehmen auf einen Nutzen, der technologischer oder sogar wirtschaftlicher und technologischer Natur ist, dann erreichen die Fähigkeiten eine höhere Reifestufe.

Tab. 4-9: Morphologie des Elements Lösungsalternative mit zwei Gestaltungsaspekten und deren Ausprägungen (Quelle: Eigene Darstellung).

			Lösungsalternative
Gestaltungsaspekt	**Ausprägungen**		
Beeinflussung des Geschäftsfeldes	aktiv	manchmal	
Nutzen	wirtschaftlich und technologisch	technologisch	wirtschaftlich

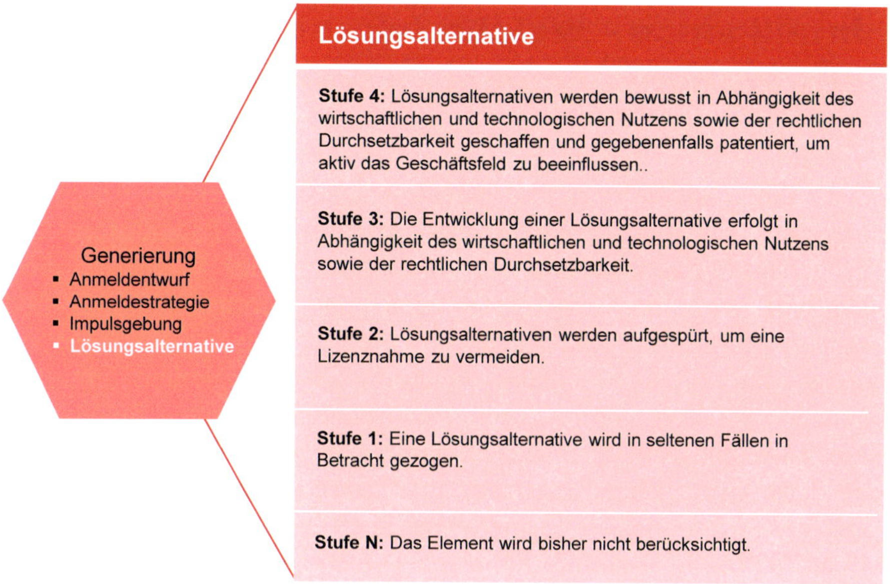

Abb. 4-9: Reifestufen des Elements Lösungsalternative der Dimension Generierung (Quelle: Eigene Darstellung).

In Abbildung 4-9 sind die fünf Reifestufen für das Element Lösungsalternative gezeigt. Die niedrigste Stufe wird durch die Reifestufe N repräsentiert, d.h. das Unternehmen berücksichtigt das Element bisher gar nicht. Zieht das Unternehmen in seltenen Fällen eine Lösungsalterative in Betracht, dann können dessen Fähigkeiten im Patentmanagement mit der Reifestufe 1 gekennzeichnet werden. Mit Reifestufe 2 werden Fähigkeiten für den Fall ausgezeichnet, dass das Unternehmen Lösungsalternativen aufspürt, um eine Lizenznahme zu vermeiden; mit Reifestufe 3 dagegen die Fähigkeiten, wenn das Unternehmen die Entwicklung einer Lösungsalternative in Abhängigkeit des wirtschaftlichen und technologischen Nutzens sowie der rechtlichen Durchsetzbarkeit verfolgt. Auf der höheren Reifestufe 4 finden sich Unternehmen, die ihre Lösungsalternativen dagegen bewusst in Abhängigkeit des wirtschaftlichen und technologischen Nutzens sowie der rechtlichen Durchsetzbarkeit generieren und diese gegebenenfalls auch patentieren, um ein Geschäftsfeld aktiv zu beeinflussen.

4.3 Intelligence – Welche Informationen sollen aus Patenten gewonnen werden?

Um die Frage beantworten zu können, welche Informationen aus Patenten gewonnen werden sollen, muss das Patentmanagement mehrere Aufgaben im Zusammenhang mit der Recherche und Analyse von Patentinformationen bearbeiten. Die Dimension Intelligence umfasst daher Elemente, die die Eigenschaft besitzen, relevante (patentbezogene) Informationen zu finden, diese auszuwerten und im Unternehmen gezielt zu nutzen. Auf diese Weise umschreiben die Elemente unter anderem die Fähigkeiten im Patentmanagement, den Wert von (eigenen und fremden) Patenten qualitativ und quantitativ zu bestimmen, das Geschäftsumfeld zu beobachten und den Stand-der-Technik zu überwachen. Investiert das Unternehmen in diese Dimension, führt dies mithin zu mehr Informationen über Wettbewerber und Technologien. Im 7D Reifegradmodell kann die Dimension Intelligence als eigenständig angesehen werden, nimmt aber direkt Bezug auf die Dimension Portfolio, da sie in gewisser Weise durch diese zentrale Dimension hervorgebracht wird.

Der Dimension Intelligence lassen sich fünf Elemente zuordnen, nämlich

- Akquisition (*Akquisition*),
- Geschäftsfeldanalyse (*Business Segment Analysis*),
- Informationsnutzung (*Information use*),
- Stand-der-Technik-Analyse (*Prior-art Analysis*) und
- Wertermittlung (*Evaluation and Valuation*).

Nachfolgend werden diese fünf Elemente näher beschrieben und die entsprechenden Reifestufen zu dessen Charakterisierung herausgearbeitet. Bei dem in vier Reifestufen zu charakterisierenden Element Akquisition geht es in Abschnitt 4.3.1 um die auf Patentinformationen basierende Identifikation potenzieller Geschäftspartner, Kunden oder Zulieferer wie auch um die Vorbereitung von Unternehmensbeteiligungen oder deren Erwerb. Die Geschäftsfeldanalyse konzentriert sich insbesondere auf die Analyse der Technologieentwicklung und das Verhalten der Wettbewerber; ihre Fähigkeiten lassen sich in fünf Reifestufen charakterisieren, wie in Abschnitt 4.3.2 diskutiert wird. Das Element Informationsnutzung beschreibt, wie die Patentinformationen erzeugt und im Unternehmen verteilt werden, wofür ebenso fünf Reifestufen zur Einstufung der Fähigkeiten zur Verfügung stehen. Dies ist Gegenstand des Abschnittes 4.3.3. Im Rahmen des Elements Stand-der-Technik-Analyse geht es um zu recherchierende und analysierende andere Patente und Quellen, in denen mögliche Aspekte einer Erfindung oder eines technischen Gebiets bereits enthalten sind; die Fähigkeiten des Elements können in vier Reifestufen bewertet werden, wie es Abschnitt 4.3.4 zeigt. Darüber hinaus befasst sich das durch fünf Reifestufen zu beschreibende Element Wertermittlung mit der Bewertung von Patenten, die für das Unternehmen relevant sind. Abschnitt 4.3.5 stellt dieses Element vor.

4.3.1 Akquisition

Das Element Akquisition beschreibt die Nutzung von Patentinformationen zur Identifikation potenzieller Geschäftspartner, Zulieferer, Kunden oder Einzelpersonen (Erfinder). Darüber hinaus werden in diesem Element Unternehmensbeteiligungen (Fusion) und -übernahmen (Akquisition) berücksichtigt, die über Patentinformationen vorbereitet werden können. Ziel der Identifikation ist dabei die Schaffung eines Zugangs zu technischem Wissen, welches den Unternehmen selbst zunächst nicht zur Verfügung steht, bzw. welches für die Unternehmen auch langfristig von hoher strategischer Bedeutung ist (Ernst 2003 sowie Ernst und Vitt 2000).

Zur Identifikation potenzieller Geschäftspartner, Zulieferer, Kunden oder Einzelpersonen können deren Patentportfolios herangezogen werden (Dreßler 2006). Diese Partner können dem Unternehmen nahe stehen, beispielsweise wenn es um die Erweiterung der Zulieferer geht. Sie können aber auch geschäftsfern sein, etwa wenn es um den Einstieg in eine für das Unternehmen fremde Technologie geht. Die Informationen hierüber stehen in öffentlichen (Patent-)datenbanken bereit.

Darauf aufbauend können beispielsweise verschiedene Patentportfolio-Darstellungen verwendet werden. So können unter anderem mit der von Ernst (2003) vorgeschlagenen Patentportfoliomethode die Stärken und Schwächen von Wettbewerbern, Zulieferern oder Kunden in Bezug auf verschiedene

Technologiefelder bewertet werden. Die Methode ermittelt diese anhand des relativen Patentwachstums sowie des relativen Technologieanteils der in den Portfolio-Darstellungen aufgetragenen Unternehmen. Der relative Technologieanteil von Unternehmen wird dabei auf Basis der jeweiligen Patentstärke im Verhältnis zur größten Patentstärke im Markt betrachtet. Die Patentstärke ist wiederum ein Faktor, der auf Basis der Patenqualität ermittelt wird, welche über den Anteil erteilter Patente, den Umfang der Patentklassen, der Größe der Patentfamilie und der Zitationsfrequenz ermittelt wird (Ernst 2003). Darüber hinaus besteht die Möglichkeit relevante Erfinder, beispielsweise über das Erfinderportfolio nach Ernst (2003) zu identifizieren. Sogenannte Schlüsselerfinder werden hierbei in Abhängigkeit ihrer Patentaktivität sowie der Qualität ihrer Patente bestimmt.

Unter einer Unternehmensfusion werden allgemein der Zusammenschluss, die Vereinigung oder Verschmelzung von Unternehmen oder Unternehmensteilen zusammengefasst. Die Unternehmensakquisition beschreibt demgegenüber die Übernahme, den Erwerb bzw. den hundertprozentigen Kauf von Unternehmen oder Unternehmensteilen (Dreßler 2006, Gösche 1991 sowie Jansen 2001).

Die dargelegten Aspekte zeigen somit, dass sich ein Unternehmen im Hinblick auf die Akquisition mit unterschiedlichen Fragen auseinandersetzen muss:

- Gibt es in relevanten Geschäftsfeldern potenzielle, unbekannte Stakeholder?

Tab. 4-10: Morphologie des Elements Akquisition mit zwei Gestaltungsaspekten und deren Ausprägungen (Quelle: Eigene Darstellung).

			Akquisition
Gestaltungsaspekt	**Ausprägungen**		
Umfeld	geschäftsnah und fern	geschäftsnah	
Wahrnehmung	systematisch und regelmäßig	fallweise	sporadisch und zufällig

- Gibt es unbekannte Start-ups in einem Geschäftsfeld?
- Können über Patente neue Kunden identifiziert werden?
- Eignen sich bekannte Start-ups oder bekannte Unternehmen für eine Kooperation?

Um im Folgenden das Element Akquisition anhand von Reifestufen zu beschreiben, wird eine Morphologie herangezogen. Diese Morphologie setzt sich aus den zwei Gestaltungsaspekten Umfeld und Wahrnehmung, die in zwei respektive drei Ausprägungen vorliegen können, zusammen. Tabelle 4-10 zeigt die Aspekte mit ihren Ausprägungen geschäftsnah in niedriger Reife sowie geschäftsnah und fern in höherer Reife für das Umfeld, bzw. sporadisch und zufällig, fallweise sowie systematisch und regelmäßig in ansteigender Reife für den Aspekt Wahrnehmung.

In Abbildung 4-10 sind die vier Reifestufen des Elements Akquisition im Detail dargestellt. Wird das Element bisher von einem Unternehmen nicht berücksichtigt, dann kann es mit der Reifestufe N gekennzeichnet werden.

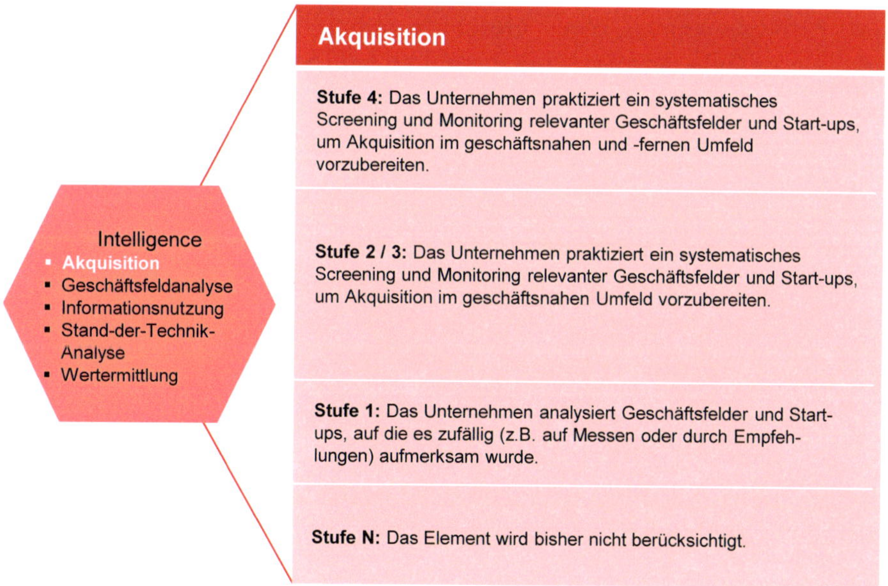

Abb. 4-10: Reifestufen des Elements Akquisition der Dimension Intelligence (Quelle: Eigene Darstellung).

Analysiert das Unternehmen aber Geschäftsfelder und Start-ups, auf die es beispielsweise auf Messen oder durch Empfehlungen zufällig aufmerksam wurde, dann führt es seine Fähigkeiten des Patentmanagements mit der Reifestufe 1 aus. Die Reifestufe 2/3 charakterisiert dann ein Unternehmen, welches ein systematisches Screening und Monitoring relevanter Geschäftsfelder und Start-ups praktiziert, um eine Akquisition im geschäftsnahen Umfeld vorzubereiten. Falls ein Unternehmen ein solches Screening und Monitoring praktiziert, um darüber hinaus Akquisitionen im geschäftsnahen und -fernen Umfeld vorzubereiten, dann kann dem Unternehmen die Reifestufe 4 bescheinigt werden.

4.3.2 Geschäftsfeldanalyse

Das Element Geschäftsfeldanalyse dient der Untersuchung einer strategischen Geschäftseinheit, die in Bezug auf Märkte, Wettbewerber, Technologien sowie Kostenstruktur und Ergebnissituation betrachtet wird und Aussagen über die Zukunftsfähigkeit geben soll (vgl. hierzu und im Folgenden Hans 2003 sowie Posluschny 2010). Mit den hierfür umzusetzenden Aufgaben und Fähigkeiten soll das Erfolgspotenzial einer Geschäftseinheit aufgezeigt werden. Somit werden diverse Ziele verfolgt, und zu nennen sind beispielsweise

- die Beurteilung von Chancen und Risiken eines Geschäftsfelds, um dessen Attraktivität beurteilen zu können,
- das Finden der eigenen Stärken und Schwächen,
- die Analyse der aktuellen Wettbewerbssituation und -dynamik,
- die Ermittlung der Erfolgsbedingungen des Geschäftsfelds,
- die Überprüfung der bisherigen Strategien und die Formulierung neuer angepasster Strategien, sowie
- die bessere Nutzung von Ressourcen und Verbundwirkungen in Unternehmen.

Anders formuliert, für die Umsetzung der Geschäftsfeldanalyse muss sich ein Unternehmen verschiedenen Fragen stellen:

- Sind alle wichtigen Wettbewerber bekannt?
- Wie entwickeln sich Technologien und Wettbewerber?

- Auf welchen Geschäftsfeldern sind alte und neue Wettbewerber aktiv?
- Welche neuen Technologien und Geschäftsfelder existieren?
- Wohin entwickeln sich die relevanten Geschäftsfelder?
- Wie beeinflussen aufkommende Technologien und Geschäftsfelder die Unternehmensstrategie?

Die Unterstützung der Geschäftsfeldanalyse ist somit eine wichtige Aufgabe im Patentmanagement, und die hierfür erforderlichen Fähigkeiten dienen dazu künftige Entwicklungen zu erkennen. Um auch das Element der Geschäftsfeldanalyse mit Reifestufen näher beschreiben zu können, wird eine Morphologie aus drei Gestaltungsaspekten mit jeweils bis zu drei Ausprägungen zugrunde gelegt, wie in Tabelle 4-11 gezeigt. So kann ein Unternehmen das Spektrum seiner Geschäftsfeldanalyse zum einen geschäftsnah oder zum anderen geschäftsnah und fern ausführen. Der Gestaltungsaspekt Trenderkennung hat ebenfalls zwei Ausprägungen, denn die Trenderkennung kann spät oder früh erfolgen. Der dritte Gestaltungsaspekt Wahrnehmung der Geschäftsfeldanalyse hat dagegen drei Ausprägungen. In einer niedrigen Reifestufe kann sie sporadisch und zufällig erfolgen, in einer höheren Reifestufe fallweise und in der höchsten Reifestufe dann systematisch und regelmäßig.

Unter Berücksichtigung der Morphologie des Elements Geschäftsfeldanalyse mit den drei Gestaltungsaspekten und deren Ausprägungen lassen sich

Tab. 4-11: Morphologie des Elements Geschäftsfeldanalyse mit drei Gestaltungsaspekten und deren Ausprägungen (Quelle: Eigene Darstellung).

			Geschäftsfeldanalyse
Gestaltungsaspekt	**Ausprägungen**		
Spektrum	geschäftsnah und fern	geschäftsnah	
Trenderkennung	früh	spät	
Wahrnehmung	systematisch und regelmäßig	fallweise	sporadisch und zufällig

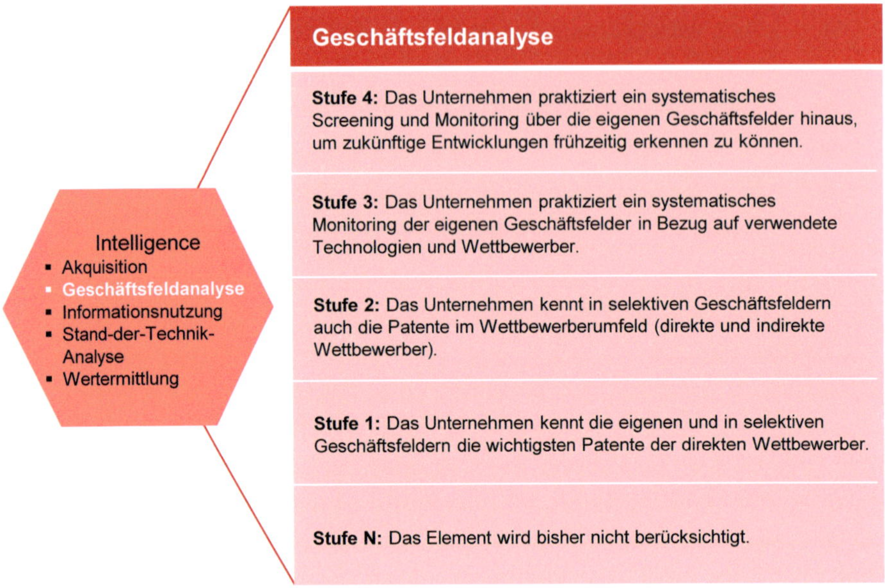

Abb. 4-11: Reifestufen des Elements Geschäftsfeldanalyse der Dimension Intelligence (Quelle: Eigene Darstellung).

fünf Reifestufen für das Element herausarbeiten. Abbildung 4-11 stellt diese Reifestufen dar. Gesetzt den Fall, dass ein Unternehmen überhaupt keine Geschäftsfeldanalysen durchführt, dann ist es der Stufe N zuzuordnen. Ein Unternehmen auf der Reifestufe 1 kennt dagegen die eigenen und in selektiven Geschäftsfelder auch die wichtigsten Patente der direkten Wettbewerber; auf Reifestufe 2 kennt es zudem in selektiven Geschäftsfeldern auch die Patente im Wettbewerberumfeld, d.h. die Patente direkter und indirekter Wettbewerber. Praktiziert das Unternehmen ein systematisches Monitoring der eigenen Geschäftsfelder in Bezug auf die verwendeten Technologien und ihre Wettbewerber, dann sind seine Fähigkeiten im Patentmanagement mit der Reifestufe 3 zu bewerten. Auf Reifestufe 4 nutzt das Unternehmen seine Fähigkeiten dahingehend, dass es ein systematisches Screening und Monitoring über die eigenen Geschäftsfelder hinaus praktiziert, um zukünftige Entwicklungen frühzeitig erkennen zu können.

4.3.3 Informationsnutzung

Das Element Informationsnutzung zielt auf die Fähigkeit im Patentmanagement eines Unternehmens, gezielt Methoden und Hilfsmittel zur Erschließung qualitativer und quantitativer technischer Informationen auszuwählen und diese hinsichtlich Relevanz oder Irrelevanz zu beurteilen. Mit diesen Patentinformationen gewinnt das Patentmanagement wertvolle Erkenntnisse, die es vielseitig einsetzen und einen Nutzen daraus ziehen kann.

Ein wichtiges Werkzeug für das Element Informationsnutzung stellt die Patentrecherche da. Diese unterstützt zudem auch andere Elemente aus der Dimension Intelligence, wie beispielsweise die Ausarbeitung einer Geschäftsfeld- oder einer Stand-der-Technik-Analyse (Deutsches Patent- und Markenamt 2016, Europäisches Patentamt 2011 sowie Hans 2003). Da die technischen Informationen seitens der Patentämter zum großen Teil über spezielle Webseiten zur Verfügung gestellt oder von vielen kommerziellen Anbietern in diversen Datenbanken bereitgestellt werden, lassen sich diese Informationen heute zumeist computergestützt recherchieren. Die in den Datenbanken abgelegten Informationen bieten jedem Patentmanagement eines Unternehmens somit die Möglichkeit, eine Suche an jedem Ort und zu jeder Zeit online durchzuführen und die Suchoptionen jederzeit individuell an die eigenen Interessen anzupassen (Bendl und Weber 2013, Europäisches Patentamt 2011 sowie Suzuki 2011). Auf der anderen Seite haben sich mittlerweile zahlreiche auf Patentrecherchen spezialisierte Dienstleister am Markt etabliert, die, sofern von einem Patentmanagement beauftragt, professionelle Patentrecherchen durchführen (Möhrle et al. 2010 sowie Trippe 2003).

Bei der Erschließung von Patentinformationen kommt den Rechercheuren zugute, dass die Patente über eine Vielzahl von vorteilhaften Eigenschaften verfügen. Hinsichtlich betriebs- und informationswissenschaftlicher Sicht liegen diese in der Objektivität, im Umfang, im Detailierungsgrad, in der Internationalität, im Marktbezug wie auch in ihrer Verfügbarkeit (Ernst 1996, Sternitzke 2008, Vitt 1998 sowie Walter und Schnittker 2016). So wird beispielsweise durch die Klassifikation der Patente, sei es durch die Gemeinsame Patentklassifikation (CPC) und die Internationale Patentklassifikation (IPC) seitens des Europäischen Patentamts (EPA) oder auch durch die interne

Klassifikation FI (File Index) und dem F-Term seitens des Patentamtes in Japan, eine Systematik zur Einordnung der Patentinformationen in einem sehr hohen Detailierungsgrad bereitgestellt (Adams 2001, Molewski 1986 sowie Schellner 2002). Ein entscheidender Faktor bei der erfolgreichen Suche nach Patentinformationen ist somit das Verständnis über die verschiedenen Recherchearten (Schlagwort-, Klassenrecherche u.a.) und Recherchetechniken, über die Patentklassifikationen und der grundsätzlichen Strukturierung von Patentinformationen wie auch über den Aufbau der einzelnen Patentdatenbanken.

Die Durchführung einer qualitativ hochwertigen Patentrecherche und die Nutzung der gewonnenen Informationen im Patentmanagement haben auch Auswirkungen auf weitere Unternehmensfunktionen. So können die Patentinformationen bereits bei der Forschung und Entwicklung eines Unternehmens eine Rolle spielen, indem beispielsweise im Rahmen einer Geschäftsfeldanalyse Patentinformationen ermittelt wurden, die eine Investition in eine neue Technologie als sinnvoll erachtet haben (Ernst 2003). Die Bereitstellung von Patentinformationen ist ein Kernelement des Wissensmanagements und adressiert zwei Hauptgruppen. Intern helfen diese Informationen hauptsächlich bei der Entscheidungsfindung von Führungskräften, die über Forschungsbudgets und Transaktionsgelder entscheiden. Die zweite Gruppe sind externe Stakeholder oder Analysten, welche durch die Beobachtung der Unternehmensaktivitäten ihre Entscheidungen am Aktienmarkt präzisieren können (Ernst 2003).

Zusammenfassend stellen sich für ein Unternehmen im Rahmen der Informationsnutzung folgende Fragen:

- Welche Datengrundlage sollen für die Recherche und Analyse herangezogen werden?
- Wer soll die Recherche und Analyse durchführen?
- Wer koordiniert die Recherchen und Analysen?
- Welche Recherche- und Analysemethoden sollen angewendet werden?
- In welchen zeitlichen Abständen sollen Recherchen und Analysen durchgeführt werden?

- Welche (Software-)Werkzeuge sollen für die Recherche und Analyse eingesetzt werden?
- Wie soll das Wissen aus den Recherchen und Analysen gesichert werden?

Die dargelegten Herausforderungen und Anforderungen des Elements Informationsnutzung zeigen, dass sich diese in vier Gestaltungsaspekten und Ausprägungen in die Reifestufen des Elements überführen lassen. Tabelle 4-12 zeigt die Berücksichtigung der vier Gestaltungsaspekte mit den entsprechenden Ausprägungen von einer hohen bis zu einer niedrigen Reifestufe. So kann die Datengrundlage zwischen quantitativ (statistisch) und qualitativ (inhaltlich) zu recherchierender Patentinformation unterschieden werden, deren Erschließung zentral durch das eigene Patentmanagement oder dezentral durch Dienstleister in unterschiedlichen Zeitabständen (selten, fallweise, kontinuierlich) erfolgen kann. Dabei können die für die Informationserschließung einzusetzenden Werkzeuge bereits im Unternehmen vorhanden sein oder sie müssen ggf. durch entsprechenden Module ergänzt oder gar durch weitere, extern zu beschaffende, Softwareprodukte erweitert werden, um eine erfolgreiche quantitative und qualitative Informationsnutzung zu gewährleisten.

In Abbildung 4-12 sind die Beschreibungen der vier Reifestufen des Elements Informationsnutzung gezeigt. Sollte die Informationsnutzung in einem Unternehmen keine Berücksichtigung finden, befindet sich das Unter-

Tab. 4-12: Morphologie des Elements Informationsnutzung mit vier Gestaltungsaspekten und deren Ausprägungen (Quelle: Eigene Darstellung).

			Informationsnutzung
Gestaltungsaspekt	**Ausprägungen**		
Datengrundlage	qualitativ und quantitativ	qualitativ	quantitativ
Koordination	zentral	dezentral	
Periodizität	kontinuierlich	fallweise	selten
Werkzeuggrundlage	intern und extern ergänzend	intern vorhanden	

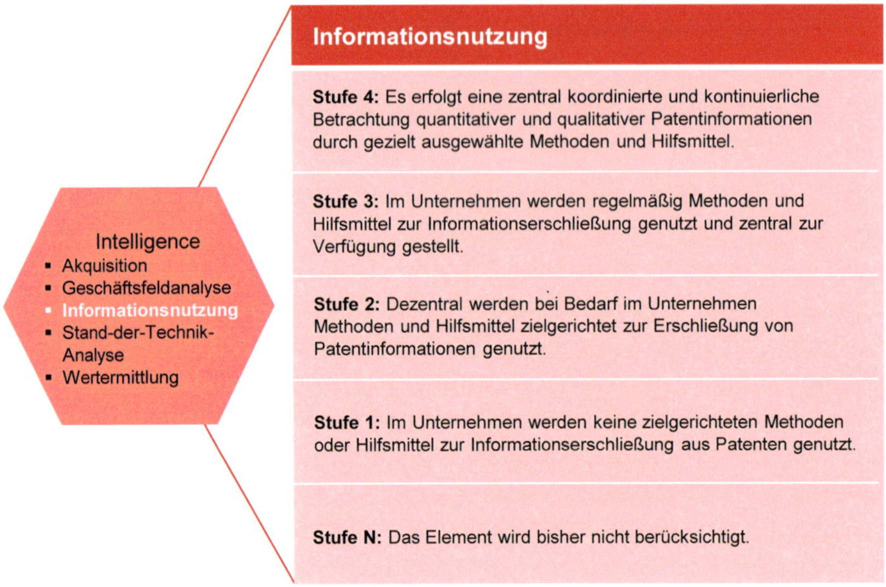

Abb. 4-12: Reifestufen des Elements Informationsnutzung der Dimension Intelligence (Quelle: Eigene Darstellung).

nehmen hinsichtlich dieses Elements auf Reifestufe N. Spielt die Informationsnutzung im Unternehmen dagegen eine Rolle, werden allerdings im Unternehmen keine zielgerichteten Methoden oder Hilfsmittel zur Informationserschließung aus Patenten genutzt, stellt diese Fähigkeit eine Ausprägung der Reifestufe 1 dar. Reifestufe 2 repräsentiert dann die Fähigkeit bei Bedarf im Unternehmen Methoden und Hilfsmittel dezentral bereitzustellen, erfolgt die Bereitstellung dagegen regelmäßig und zentral im Unternehmen repräsentiert die Fähigkeit die Reifestufe 3. Erfolgt dagegen eine zentral koordinierte und kontinuierliche Betrachtung quantitativer und qualitativer Patentinformationen durch gezielt ausgewählte Methoden und Hilfsmittel, dann kann dem Unternehmen die höchste Reifestufe 4 zugesprochen werden.

4.3.3 Stand-der-Technik-Analyse

Das Element Stand-der-Technik-Analyse umfasst Aufgaben und Fähigkeiten im Patentmanagement, die Aufschluss über die aktuelle Situation der technischen Entwicklung geben. Damit soll vor allem vermieden werden, dass durch eine eigene Patentanmeldung bestehende fremde Patente verletzt oder dass Doppelentwicklungen und -erfindungen im Unternehmen hervorgebracht werden. Eine Patentanmeldung macht demzufolge nur Sinn, wenn sich die eigene Erfindung vom Stand-der-Technik abgrenzt. Dabei umfasst der Stand-der-Technik alle Kenntnisse,

> „*die weltweit vor der Anmeldung der betreffenden Erfindung in jeder erdenklichen Weise der Öffentlichkeit zugänglich waren. Darunter fallen Fachliteratur sowie Vorträge und insbesondere alle veröffentlichten Patentanmeldungen sowie Gebrauchsmuster. Außerdem gehören zum Stand-der-Technik auch Vorveröffentlichungen wie beispielsweise Konferenzbeiträge, Artikel in wissenschaftlichen Zeitschriften und Ausstellungen auf Messen*“ (Deutsches Patent- und Markenamt 2016).

Um erfolgreich eine Patentanmeldung beim Patentamt einzureichen, sind dem Antrag die Erfindungsbeschreibung mit bekanntem Stand-der-Technik sowie den Vorteilen der Erfindung gegenüber dem bisherigen Stand-der-Technik beizulegen, so dass ein Fachmann die Erfindung verstehen und ausführen kann (vgl. hierzu und im Folgenden Walter und Schnittker 2016). Der Stand-der-Technik kann durch eine Sachrecherche ermittelt werden, die der Überprüfung einer neuen technischen Lösung dient. Durch diese Recherche sollten sich also die relevanten Merkmale der Erfindung herauskristallisieren, die die Erfindung als neu gegenüber dem Stand-der-Technik hervorhebt (Neuburger 2005 sowie Sas et al. 2014). Des Weiteren sollte das Unternehmen überprüfen, ob die eigene Patentanmeldung oder das eigene Patent andere Schutzbereiche fremder Rechte überschneidet. Dadurch kann es Abhängigkeiten zu anderen Patenten erkennen und gegebenenfalls Umgehungslösungen für die eigenen Entwicklungen und Erfindungen aufspüren.

Eine Sachrecherche ist mit höchster Präzision und Vollständigkeit durchzuführen, damit auch keine wichtigen Patente übersehen werden. Hierzu erfolgt zumeist eine Schlagwortsuche im Volltext oder in einzelnen Textbestandteilen (Titel, Beschreibung, Ansprüche oder Zusammenfassung) eines Patents. In den Unternehmen gilt die Sachrecherche als die wichtigste und am häufigsten durchgeführte Patentrechercheart. Sie wird im Allgemeinen breit angelegt, da sie auch der Unterstützung von Verletzungsrecherchen und Neuheitsrecherchen dient. Für die Recherchen stellen viele Patentämter der Welt – zum Teil – sehr umfangreiche und öffentlich zugängliche Datenbanken zur Verfügung (Suzuki 2011). Auch bieten zahlreiche Dienstleister, wie beispielsweise Patentinformationszentren, Patentinformationsanbieter, Patentrecherchedienstleister wie auch Patent- und Rechtsanwälte den Unternehmen Unterstützung bei ihren Patentrecherchen an (Deutsches Patent- und Markenamt 2016). Überdies können vielfältige auf dem Markt befindliche – zum Teil kostenfreie aber auch kostenpflichtige – Softwareprodukte für die Recherchen und Analysen eingesetzt werden (Möhrle et al. 2010, Trippe 2003, Walter und Schnittker 2016 sowie Wustmans und Möhrle 2017).

Kurzum, durch die Recherchen ist es dem Unternehmen möglich seinen eigenen Wissensstand hinsichtlich der Patentinformationen stetig zu aktualisieren und zu erweitern, um sich spezifisches Wissen und Kompetenzen fremder Unternehmen anzueignen (Offenburger 2014). Zudem kann die Überwachung der Patententwicklungen in den verschiedenen Geschäftsfeldern dazu dienen Wettbewerber systematisch zu überwachen, bei Patentverletzungen gezielt Einspruch zu erheben, Patentpositionen und -strategien zu analysieren und Schlüsselpersonen, wie Erfinder und Experten, ausfindig zu machen (Mittelstaedt 2009, Offenburger 2014, Wagner und Thieler 2007 sowie Walter und Schnittker 2016). Außerdem können durch Patentrecherchen Trends erkannt sowie Markt- und Erfindungslücken aufgedeckt werden (Ensthaler und Strübbe 2006 sowie Offenburger 2014).

Demzufolge führt die Stand-der-Technik-Analyse im Unternehmen zu folgenden Fragen:

- Sind die im Unternehmen generierten Erfindungen patentfähig?
- In welchen Technologiefeldern besteht für die Erfindungen Handlungsfreiheit?
- Ist den Erfindern und Entwicklern der Stand-der-Technik bekannt, so dass Doppelentwicklungen vermieden werden?
- Wer recherchiert den Stand-der-Technik?
- Wann soll der Stand-der-Technik recherchiert werden?

Tab. 4-13: Morphologie des Elements Stand-der-Technik-Analyse mit drei Gestaltungsaspekten und deren Ausprägungen (Quelle: Eigene Darstellung).

Stand-der-Technik-Analyse			
Gestaltungsaspekt	**Ausprägungen**		
Durchführung	intern und extern	intern	extern
Periodizität	regelmäßig	fallweise	selten
Zielobjekt	technologiefeldbezogen	erfindungsbezogen	

Die dargelegten Aufgaben im Zusammenhang mit dem Element Stand-der-Technik-Analyse zeichnen sich durch drei Gestaltungsaspekte aus, die wiederum in verschiedenen Ausprägungen vorliegen können. In Tabelle 4-13 sind die drei Gestaltungsaspekte (Durchführung, Periodizität und Zielobjekt) mit ihren Ausprägungen von einer hohen bis zu einer niedrigen Reifestufe zusammengestellt. So kann ein Unternehmen die Durchführung einer Stand-der-Technik-Analyse extern, intern, aber auch intern und extern durchführen (lassen), wobei diese selten, fallweise oder gar regelmäßig stattfindet. Führt das Unternehmen die Analysen hinsichtlich des Zielobjektes lediglich erfindungsbezogen durch, liegt diese Fähigkeit in einer niedrigen Reife vor, erfolgen die Analysen dagegen mit einer hohen Reifestufe, dann werden sie technologiefeldbezogen durchgeführt.

Mit Hilfe der in Tabelle 4-13 aufgeführten Morphologie lassen sich daher vier Reifestufen für das Element Stand-der-Technik-Analyse herausarbeiten. Abbildung 4-13 zeigt diese vier Reifestufen, ausgehend von der Stufe N, die ein Unternehmen einnimmt, sofern das Element noch keine Berücksichtigung im Patentmanagement gefunden haben sollte. Reicht das Unternehmen seine Patentanmeldung beim Patentamt ein und ermittelt auf Antrag des Anmelders oder eines Dritten den druckschriftlichen Stand-der-Technik, der für die Beurteilung der Patentfähigkeit der angemeldeten Erfindung in Betracht zu ziehen ist, dann kann dem Unternehmen die Reifestufe 1 für diese Ausprägung seiner Fähigkeiten im Patentmanagement bescheinigt werden. Führt das Unternehmen dagegen vor und während der Ausarbeitung der Patentanmeldung eigene Recherchen zum Stand-der-Technik durch, um die Neuheit

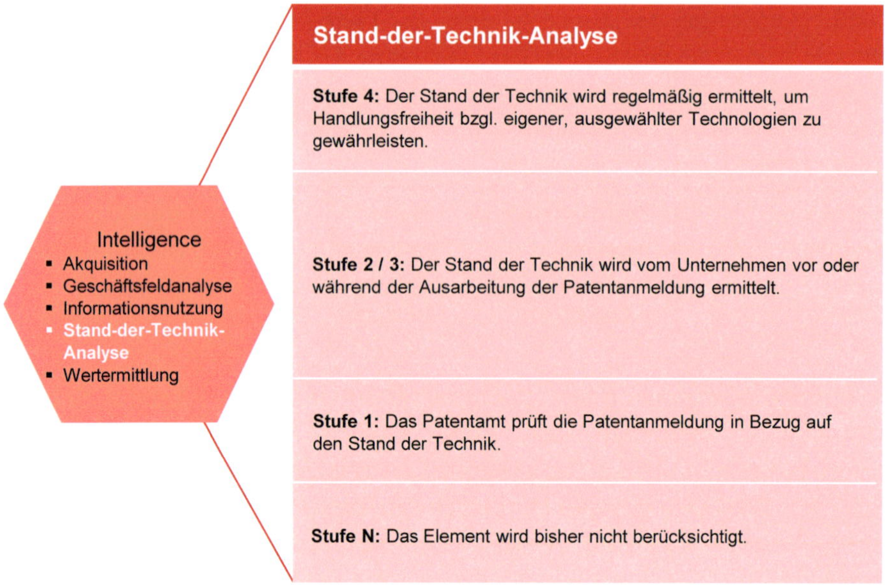

Abb. 4-13: Reifestufen des Elements Stand-der-Technik-Analyse der Dimension Intelligence (Quelle: Eigene Darstellung).

der Erfindung zu akzentuieren, dann hat es die Reifestufe 2/3 erreicht. Auf der höchsten Reifestufe 4 sind die Fähigkeiten im Patentmanagement in Bezug auf dieses Element schlussendlich dadurch gekennzeichnet, dass das Unternehmen regelmäßig den Stand-der-Technik, nicht nur erfindungs- sondern auch technologiefeldbezogen, ermittelt. Dadurch stellt es einen ausreichenden Handlungsspielraum (*Freedom to Operate* (FTO)) für die eigenen Entwicklungen sicher.

4.3.4 Wertermittlung

Wertermittlung ist ein weiteres Element der Dimension Intelligence. Es fasst die Fähigkeiten im Patentmanagement zur Evaluierung und Valuierung der relevanten Patente eines Unternehmens ins Auge. Unter Evaluierung wird dabei eine qualitative Bewertung der Patente verstanden, um eine technologiebezogene Kennzahl (technologischer Wert) anhand der Stärken und Schwächen eines Patents zu ermitteln. Die Valuierung hingegen ist eine quantitative Bewertung und ermittelt den monetären Wert eines Patents (Gassmann und Bader 2017 sowie Tiefel und Schuster 2006).

Im Allgemeinen wird der technologische Wert von Patenten durch die Indikatoren Lebensdauer, Neuheit und erfinderische Höhe, Schutzumfang, Substituierbarkeit, Umfang der Offenlegung, Stärke des Portfolios und Größe der Patentfamilie, Vielfältigkeit der Anwendung, Sperrfunktion und Druckmittel bei Verhandlungen bestimmt (Reitzig 2003 und 2004). Zu beachten ist, dass derartige Patentbewertungen grundsätzlich in Relation zu Wettbewerbspatenten durchgeführt werden (Harhoff 2005). Bei der qualitativen Patentbewertung geht es um die Abschätzung der mit den Patenten verbundenen Chancen und Risiken. Sie ist insbesondere für den Vergleich und die Einordnung von Patenten nach Kategorie und Rangstufe innerhalb eines Portfolios oder gegenüber der Wettbewerbspatente nützlich.

Für die monetäre Bewertung von Patenten stehen demgegenüber diverse quantitative Verfahren zur Verfügung (siehe hierzu und im Folgenden Europäisches Patentamt 2017, Neuburger 2005, Reitzig 2002, Schwingenschlögl und Gotwald 2008 sowie Wurzer und Reinhardt 2006).

Der monetäre Patentwert ist eine Größe, die durch technologische, marktseitige und rechtliche Unsicherheit beeinflusst wird (Schwingenschlögl und Gotwald 2008). Aus Sicht des Patentinhabers kann zwischen einem Verlängerungswert (*Renewal Value*) und einem Gegenstandswert (*Asset Value*) unterschieden werden (Walter und Schnittker 2016). Der Verlängerungswert wird dabei durch die Differenz der zukünftigen Gewinne im Fall der eigenen Inhaberschaft des Patents determiniert, wobei das Unternehmen das Patent nicht verlängert und die Erfindung frei gibt. Wird die Differenz der zukünftigen Gewinne im Fall der eigenen Inhaberschaft und in der Situation, dass ein Wettbewerber das Patent innehat berücksichtigt, dann handelt es sich um den Gegenstandswert des Patents.

Für die Bestimmung des monetären Wertes eines Patents stehen Methoden zur Verfügung, die sich in drei Kategorien (Kosten, Markt, Ertrag) einteilen lassen:

(i) **Kostenmethode**

Die Kostenmethode wird hauptsächlich in der Buchhaltung und im Rechnungswesen eines Unternehmens angewendet und betrachtet interne sowie externe Kosten die für Entwicklung und Patentierung einer ähnlichen Erfindung anfallen würden. Auch wenn bei der Kostenmethode keine künftigen Erträge aus Patenten berücksichtigt werden, kann sie zur Wertbestimmung insbesondere dann nützlich sein, wenn nur wenige Informationen vorhanden und der künftige Nutzen des zu bewertenden Patents noch sehr unklar sind.

(ii) **Marktmethode**

Bei der Marktmethode werden zur Bewertung Preise ähnlicher Patente herangezogen, die in der letzten Zeit auf dem Markt verkauft wurden. Die Marktmethode ist zwar eine relativ einfache Bewertungsmethode, da aber die relevanten Preisinformationen meist nicht öffentlich zugänglich sind, ist sie nur begrenzt einsetzbar.

(iii) **Ertragsmethode**

Bei der Ertragswertmethode wird der Nettobarwert eines Patents auf Grundlage des geschätzten künftigen Ertrags errechnet und stellt somit ein Maß für den potenziellen Ertrag dar. Sie ist eine allgemein anerkannte Bewertungsmethode von Patenten, da sie relativ einfach anzuwenden ist und auf meist verfügbare Unternehmens- und Marktinformationen zurückgreift. Gleichwohl müssen aber die langfristig zu erwartenden Mittelflüsse sowie der Abzinsungssatz geschätzt werden, und dies kann zu Unsicherheiten führen, da die Bewertung subjektiven Annahmen unterliegt.

Da das Aufrechterhalten von Patenten, insbesondere von internationalen Patenten und Patenportfolios, über die Zeit zu erheblichen Kosten führen kann, ist es nützlich, die eigenen Patente regelmäßig zu evaluieren, zu valuieren und darauf zu prüfen, ob sie für die eigene Unternehmensstrategie gewinnbringend oder – im schlimmsten Fall – verlustbringend sind (Gassmann und Bader 2017). Letztendlich sollen die gewonnen Daten aus der Evaluierung und Valuierung von Patenten dazu dienen, das eigene Patentportfolio stetig zu verbessern (Mittelstaedt 2009).

Tab. 4-14: Morphologie des Elements Wertermittlung mit zwei Gestaltungsaspekten und deren Ausprägungen (Quelle: Eigene Darstellung).

			Wertermittlung
Gestaltungsaspekt	**Ausprägungen**		
Methode	qualitativ und quantitativ	qualitativ	quantitativ
Zielobjekt	eigene und fremde	fremde	eigene

Es zeigt sich für das Element Wertermittlung, dass ein Unternehmen mit diversen Fragen konfrontiert ist:

- Wie hoch ist die Qualität eigener Patente im Vergleich zu den Wettbewerberpatenten?
- Ist der quantitative (monetäre) Wert eigener Patente im Unternehmen bekannt?
- Müssen Patentbewertungen für die Erfindervergütung herangezogen werden?
- Welche Bewertungsverfahren können eingesetzt werden?

Um das Element Wertermittlung mit Reifestufen näher zu beschreiben, sind zwei Gestaltungsaspekte mit jeweils drei Ausprägungen zu berücksichtigen. Zum einen ist, wie es Tabelle 4-14 zeigt, die Methode als Gestaltungsaspekt von Bedeutung, dessen Ausprägungen quantitativer, qualitativer sowie qualitativer und quantitativer Natur sein können und somit von einer niedrigen bis zu einer hohen Reifestufe reichen. Der zweite Gestaltungsaspekt ist das Zielobjekt, d.h. ein Unternehmen kann in einer niedrigen Reifestufe lediglich die eigenen, in einer höheren Reifestufe auch fremde und in höchster Reifestufe die eigenen und fremde Patente für eine Wertermittlung in Betracht ziehen.

Unter Berücksichtigung der dargelegten Morphologie kann das Element Wertermittlung konkret durch fünf Reifestufen, die die Ausprägungen der Aufgaben und Fähigkeiten im Patentmanagement näher charakterisieren, beschrieben werden. Abbildung 4-14 zeigt die fünf Reifestufen ausgehend von

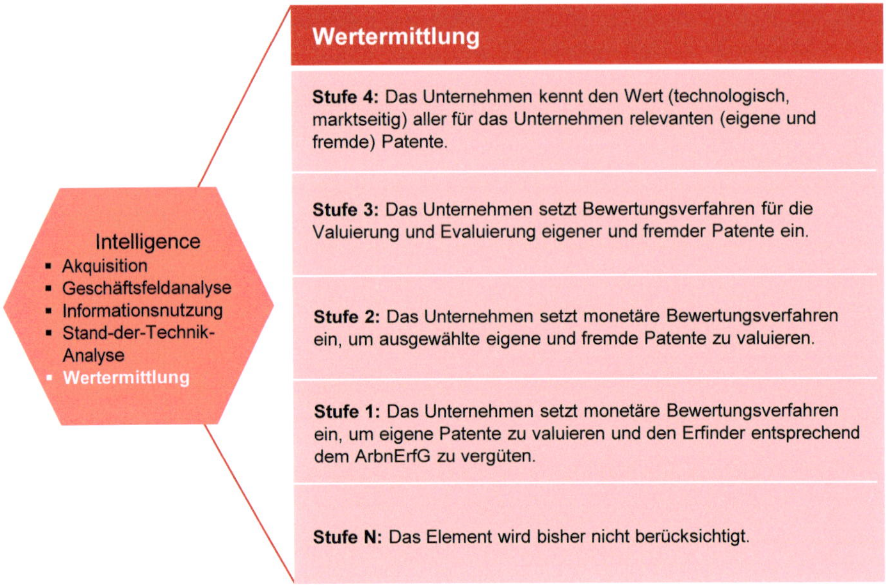

Abb. 4-14: Reifestufen des Elements Wertermittlung der Dimension Intelligence (Quelle: Eigene Darstellung).

der Reifestufe N – auf welcher das Unternehmen das Element noch gar nicht berücksichtigt – bis zur Reifestufe 4. Mit der Reifestufe 1 werden die Fähigkeiten im Patentmanagement eingeschätzt, sofern das Unternehmen monetäre Bewertungsverfahren kennt und diese auch einsetzt. Es valuiert insbesondere die eigenen Patente um die patentaktiven Erfinder im Hause entsprechend dem Arbeitnehmererfindergesetz (ArbnErfG) zu vergüten.[8] Setzt ein Unternehmen monetäre Bewertungsverfahren ein, um ausgewählte eigene wie auch fremde Patente zu valuieren und zu evaluieren, werden diese Fähigkeiten im Patentmanagement mit Reifestufe 2 respektive mit Reifestufe 3 bewertet. Kennt das Unternehmen den technologischen und marktseitigen Wert aller für das Unternehmen relevanten Patente, dann erreichen die Fähigkeiten die Reifestufe 4.

[8] Grundzüge eines Ausgleichssystems finden sich in vielen europäischen Ländern, und in Deutschland wird es durch das Arbeitnehmererfindergesetz geregelt. Diesem Gesetz unterliegen laut §1 die Erfindungen und technischen Verbesserungsvorschläge von Arbeitnehmern im privaten und im öffentlichen Dienst sowie von Beamten und Soldaten. Vgl. https://www.gesetze-im-internet.de/arbnerfg/, Abruf 10.11.2017.

4.4 Verwertung – Welche Einnahmen sollen aus Patenten erzielt werden?

Bei einer Verwertung geht es im Allgemeinen um die Veräußerung, Vermietung oder Lizenzierung von Gegenständen, um daraus einen finanziellen Erlös zu erzielen. Im 7D Reifegradmodell stehen Patente im Fokus, und es werden mit den Dimensionen neben den rechtlichen und informationstechnischen Perspektiven auch heutige und künftige Anwendungsfelder von Patenten behandelt. Konkret geht es in der Basisdimension Verwertung um die Frage, welche Einnahmen aus Patenten erzielt werden sollen. Investitionen in die Dimension Verwertung können es einem Unternehmen ermöglichen, Lizenzgebühren zu erheben oder Vereinbarungen über Kreuzlizenzierungen zu erlangen. Diese Dimension wird durch die zentrale Portfoliodimension erzeugt, da in der Regel ein Patentportfolio vorhanden sein muss, um Lizenzpartner zu finden und Lizenzgebühren zu erhalten.

Die Dimension Verwertung besteht aus den vier Elementen

- Kapitalsicherung (*Capital Preservation*),
- Kommerzialisierung und Allianzen (*Commerzialisation and Partnering*),
- Marketing und Reputation (*Marketing and Reputation*) sowie
- Wertsteigerung (*Value Enhancement*).

Diese vier Elemente umfassen Aufgaben und Fähigkeiten im Patentmanagement, welche durch mehrere Reifestufen charakterisiert werden. Sie werden in den nachfolgenden Abschnitten erläutert. In Abschnitt 4.4.1 steht das durch vier Reifestufen beschriebene Element Kapitalsicherung im Vordergrund, und es geht hierbei um die Nutzung von Patenten als Sicherheit für Investorenfonds. In Abschnitt 4.4.2 wird das Element Kommerzialisierung und Allianzen durch fünf Reifestufen charakterisiert. Dieses Element konzentriert sich auf Patente als Einnahmequelle durch Lizenzierung sowie auf Patente, die die Grundlage für Verhandlungen über Kooperationen oder strategische Allianzen stärken. Das Element Marketing und Reputation befasst sich mit der Veröffentlichung von Patentinformationen mit dem Ziel einer Wettbewerberdifferenzierung und einer Imageverbesserung. Es wird in Abschnitt 4.4.3 mit vier Reifestufen näher beschrieben. Das Element Wertsteigerung betrifft die Ausnutzung von Patenten in Bezug auf die Steigerung des Wertes eines Unternehmens durch ihre gezielte Veröffentlichung. Dieses in vier Reifestufen beschriebene Element ist Gegenstand des Abschnittes 4.4.4.

4.4.1 Kapitalsicherung

Das Element Kapitalsicherung zielt auf Aufgaben und Fähigkeiten im Patentmanagement, die dazu dienen, die Kapitalleistung eines Unternehmens zu verbessern und damit seine Wettbewerbsfähigkeit zu steigern. Die Unternehmen setzen hierfür Patente gezielt zur Sicherheit für das geleistete Eigen- und Fremdkapital von Kapitalgebern ein, und sie gewährleisten dadurch eine gewisse Erfolgschance des Unternehmens und der abgesicherten Technologie (Burr et al. 2007, Ensthaler und Strübbe 2006, Offenburger 2014, Somaya 2012 sowie Tiefel und Haas 2005). Jedoch ist bei der Absicherung von Krediten durch Patente zu beachten, dass jene im Vorfeld zumeist einer umfangreichen Patentbewertung unterzogen werden müssen (Harhoff 2005).

Die Kapitalsicherung hat besonders bei jungen Unternehmen, beispielsweise bei Start-ups aus der Biotechnologiebranche, eine hohe Bedeutung, da sie damit Investoren von sich überzeugen und durch den Besitz von Patenten eine gewisse Sicherheit vermitteln können (Hoenig und Henkel 2015 sowie Mazolleni und Nelson 1998). Zudem können Patente die Chancen verbessern, staatliche Förderungen für Unternehmensgründungen zu bekommen (Helmers und Rogers 2011 sowie Offenburger 2014). Dementsprechend führt die Kapitalsicherung dazu, dass Unternehmen sich bei Verhandlungen mit anderen Unternehmen, Investoren und Banken besser stellen und dadurch einen Vorteil bei entsprechenden Verhandlungen erlangen können.

Das Element Kapitalsicherung macht deutlich, dass sich den Unternehmen hier verschiedene Fragen stellen:

- Werden eigene Patente als Sicherheit für Eigen- und Fremdkapital von Kapitalgebern eingesetzt?
- Wird eine Patentierung gezielt durchgeführt, um Kapitalgeber auf das Unternehmen aufmerksam zu machen?

Tab. 4-15: Morphologie des Elements Kapitalsicherung mit zwei Gestaltungsaspekten und deren Ausprägungen (Quelle: Eigene Darstellung).

		Kapitalsicherung
Gestaltungsaspekt	**Ausprägungen**	
Einsatz	strategisch	vereinzelt
Strategieeinfluss	steuernd	zurückhaltend

- Welche eigenen Patente werden zur Absicherung von Eigen- und Fremdkapital von Kapitalgebern eingesetzt?

Das Element Kapitalsicherung kann mit Reifestufen näher beschrieben werden, wobei hierfür eine aus zwei in jeweils zwei Ausprägungen vorliegenden Gestaltungsaspekten bestehende Morphologie eine Unterstützung bietet. Die Tabelle 4-15 stellt diese Morphologie zusammen. Der eine Gestaltungsaspekt Einsatz der Kapitalsicherung kann strategisch oder vereinzelt

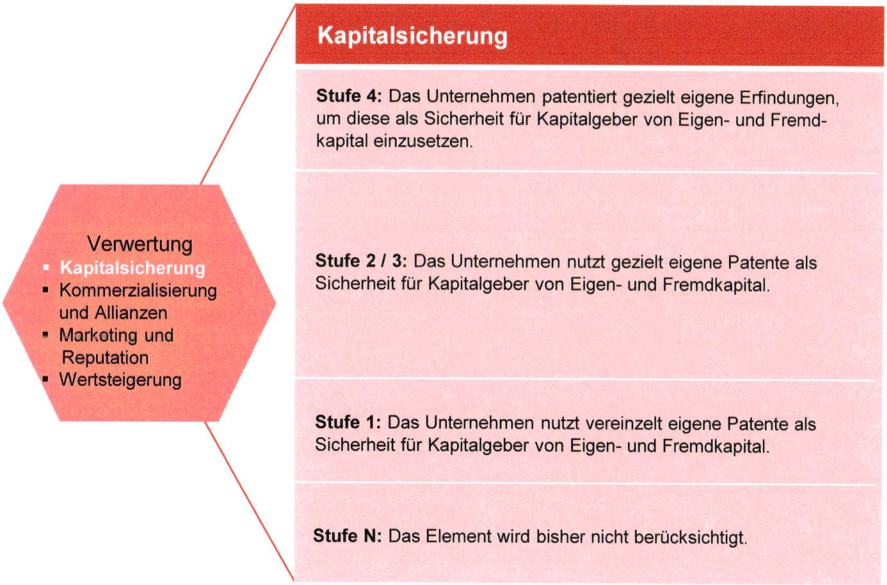

Abb. 4-15: Reifestufen des Elements Kapitalsicherung der Dimension Verwertung (Quelle: Eigene Darstellung).

ausgerichtet sein, und der andere Aspekt des Strategieeinflusses kann steuernd oder zurückhaltend ausgeprägt sein. Die jeweils genannten beiden Ausprägungen stehen dabei für eine hohe respektive für eine niedrige Reife.

Unter Hinzuziehung der in Tabelle 4-15 aufgeführten Morphologie erfolgt die Beschreibung des Elements in vier Reifestufen, die die Fähigkeiten im Patentmanagement im Kontext der Kapitalsicherung widerspiegeln. Wie in Abbildung 4-15 dargestellt, befindet sich ein Unternehmen auf Reifestufe N, sofern es das Element bisher nicht berücksichtigt. In höherer Reife nutzt das Unternehmen vereinzelt eigene Patente als Sicherheit für Kapitalgeber von Eigen- und Fremdkapital (Reifestufe 1), oder es nutzt gezielt eigene Patente als Sicherheit für Kapitalgeber von Eigen- und Fremdkapital (Reifestufe 2/3). Auf Reifestufe 4 finden sich demgegenüber Unternehmen, die gezielt eigene Erfindungen zur Patentierung führen, um diese dann als Sicherheit für Kapitalgeber von Eigen- und Fremdkapital einzusetzen.

4.4.2 Kommerzialisierung und Allianzen

Das Element Kommerzialisierung und Allianzen fokussiert auf Patente als Einnahmequelle durch Lizenzierung oder Verkauf sowie auf Patente, die die Grundlage für Verhandlungen über Kooperationen oder strategische Allianzen stärken.

Im Falle der Lizenzierung können Erlöse auf Basis der Vergabe von Nutzungsrechten erzielt werden (Knight 2013). Dabei kann zwischen Exklusivlizenzen und einfachen Lizenzen unterschieden werden (vgl. hierzu und im Folgenden Ensthaler und Strübbe 2006 sowie Offenburger 2014). Exklusivlizenzen werden vergeben, wenn die Lizenz ausschließlich einem einzigen Lizenznehmer erteilt wird. Der Lizenzgeber verpflichtet sich dabei, das Patent nicht weiter an andere Unternehmen zu lizenzieren oder selbst von dem Patent Gebrauch zu machen, außer es wäre vertraglich anders vereinbart. Einfache Lizenzen hingegen können an beliebig viele Lizenznehmer vergeben werden, und der Lizenzgeber kann in diesem Fall auch weiterhin Gebrauch von seinen Patenten machen. Durch eine Vergabe von einfachen Lizenzen an viele Lizenznehmer kann eine Technologie in den Markt diffundieren, wodurch auch die Etablierung von Standards erreicht werden kann (Gassmann und Bader 2017).

Für einen einmaligen Erlös können strategisch weniger relevante Patente eines Unternehmens verkauft werden. Hierunter können Patente fallen, die in Technologiebereichen angemeldet wurden, die auch zukünftig vom Unternehmen nicht erschlossen werden sollen (Gassmann und Bader 2017). Für diese Zwecke haben sich Institutionen gefunden, die über das World Wide Web diverse Webseiten offerieren, auf denen interessierte Unternehmen oder Einzelerfinder ihre Patente und weitere Schutzrechte geistigen Eigentums zum Verkauf anbieten können.[9] Der Patentverkauf kann nützlich sein, um die aufgebrachten FuE-Aufwendungen zu finanzieren. Darüber hinaus werden weitere Kosten für die Aufrechterhaltung des Patents (jährliche Gebühren, Verwaltungsaufwendungen oder Durchsetzungsaktivitäten) vermieden und auf diese Weise gegebenenfalls Gewinne realisiert (Gassmann und Bader 2017).

Zudem können Patente als Verhandlungsbasis dienen, um Allianzen oder Kooperationen mit anderen Unternehmen einzugehen, denn sie stärken die eigene Verhandlungsbasis und können so zu besseren Vertragskonditionen führen. Darüber hinaus können Patentanmeldungen sowie die Erteilung eines Patents als Meilensteine genutzt werden, die bei der Planung und Bewertung von strategischen Allianzen herangezogen werden können (Child et al. 2009).

In Zusammenhang mit dem Element Kommerzialisierung und Allianzen stellen sich den Unternehmen diesbezüglich folgende Fragen:

- Werden Patente bei Unternehmenskooperationen berücksichtigt?
- Ist die Vergabe von Lizenzen ein Bestandteil der Unternehmensstrategie?
- Werden fremde Patente einlizenziert, um kostengünstig unternehmensrelevante Technologien anderer Unternehmen nutzen zu können?
- Werden ausgewählte, eigene Patente auslizenziert, um anderen Unternehmen einen Zugang zu der Technologie zu ermöglichen und selbst (monetäre) Einnahmen zu generieren?

---

[9] Siehe beispielsweise http://www.ipxco.com/ oder https://www.patentauction.com/ wie auch https://www.patent-verkauf.de/, Abruf 12.03.2018.

Tab. 4-16: Morphologie des Elements Kommerzialisierung und Allianzen mit drei Gestaltungsaspekten und deren Ausprägungen (Quelle: Eigene Darstellung).

			Kommerzialisierung und Allianzen
Gestaltungsaspekt	**Ausprägungen**		
Aktivitäten	strategisch	bedarfsorientiert	fallweise
Zielobjekt	eigene und fremde	fremde	eigene
Zweck	monetär und technologisch	monetär	technologisch

Zur Beschreibung des Elements Kommerzialisierung und Allianzen kann eine Morphologie in Betracht gezogen werden. Sie ordnet den drei Gestaltungsaspekten Aktivitäten, Zielobjekt und Zweck, entsprechend der Tabelle 4-16, jeweils drei Ausprägungen zu, die zwischen einer hohen und niedrigen Reife der Fähigkeiten im Patentmanagement differenzieren. So können in hoher

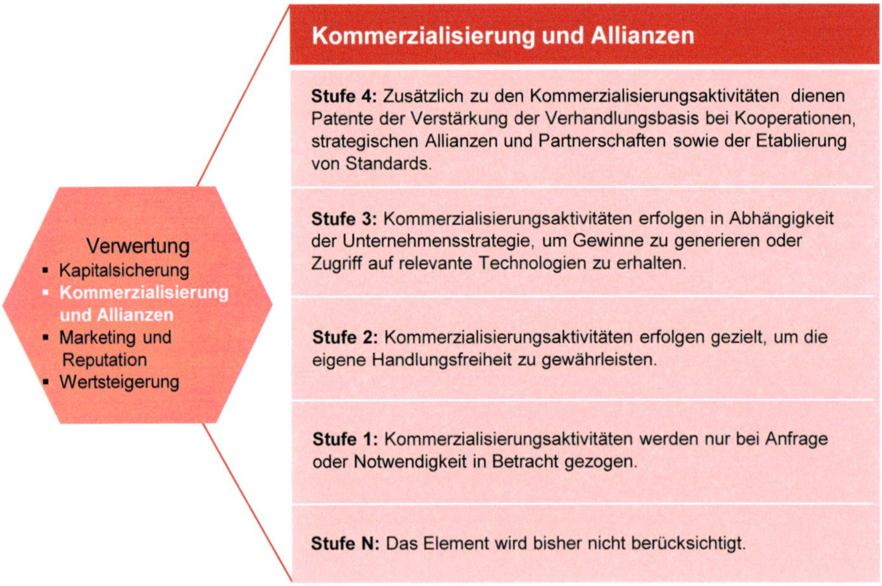

Abb. 4-16: Reifestufen des Elements Kommerzialisierung und Allianzen der Dimension Verwertung (Quelle: Eigene Darstellung).

Reife die Aktivitäten strategisch ausgeprägt sein, in niedrigerer Reife eher bedarfsorientiert oder gar nur fallweise. Beim Zielobjekt sind die Ausprägungen eigene und fremde, fremde oder nur eigene Patente in absteigender Reife, beim Zweck dagegen monetär und technologisch, monetär oder nur technologisch in ebenfalls absteigender Reife.

Abbildung 4-16 zeigt die fünf Reifestufen des Elements Kommerzialisierung und Allianzen. Wird das Element vom Unternehmen bisher nicht berücksichtigt, so steht es auf der Reifestufe N. Werden seitens des Unternehmens bei Anfrage oder Notwendigkeit aber Kommerzialisierungsaktivitäten durchgeführt, dann steht das Unternehmen auf der Reifestufe 1. Reifestufe 2 bedeutet, dass im Unternehmen gezielt Kommerzialisierungsaktivitäten erfolgen, um die eigene Handlungsfreiheit zu gewährleisten. Erfolgen die Kommerzialisierungsaktivitäten demgegenüber in Abhängigkeit der Unternehmensstrategie, um Gewinne zu generieren oder Zugriff auf relevante Technologien zu erhalten, dann setzt das Unternehmen seine Fähigkeiten im Patentmanagement auf der Reifestufe 3 um. Reifestufe 4 zeigt an, dass in dem Unternehmen neben den Kommerzialisierungsaktivitäten die eigenen Patente der Verstärkung der Verhandlungsbasis bei Kooperationen, strategischen Allianzen und Partnerschaften sowie der Etablierung von Standards dienen.

4.4.3 Marketing und Reputation

Die Bedeutung von Patenten ist für das Marketing und die Reputation nicht zu unterschätzen, da jede Patentanmeldung nach 18 Monaten offengelegt wird und somit das anmeldende Unternehmen eine Botschaft sendet (Mittelstaedt 2009). Demzufolge setzt sich das Element Marketing und Reputation mit den Aufgaben im Patentmanagement auseinander, die ein Unternehmen dazu befähigen, beispielsweise die eigenen Patente zur Produktdifferenzierung und Einflussnahme auf den Wettbewerber aber auch als Gütesiegel für die Erfindungen einzusetzen.

Gegenüber Wettbewerbern hat ein Patent eine Warn- und Hinweisfunktion. Patente weisen auf das erfinderische Know-how des eigenen Unternehmens hin und nötigen unter Umständen die Wettbewerber dazu, ihr Forschungs- und Entwicklungsfeld neu auszurichten oder gar zu wechseln (Gill 2008, Klug 2006, Offenburger 2014 sowie Wege 2013). Demgemäß stellt diese Hinweisfunktion auch eine Warnfunktion für die Wettbewerber dar. Für die Glaubwürdigkeit der Warnfunktion muss allerdings die Bereitschaft erkennbar sein, die Patentrechte im Falle einer Verletzung auch durchzusetzen (Gassmann und Bader 2017 sowie Klug 2006). Im Gegensatz zur Warn- und Hinweisfunktion kann das Patent auch dazu dienen, ein Produkt von anderen Produkten durch eine besonders vorteilhafte und nicht substituierbare Eigenschaft abzuheben und gezielt damit zu werben (Klug 2006). In diesem Fall wären Nachfrager dazu bereit, einen höheren Preis für das Produkt zu bezahlen (Wege 2013).

Patente können auch als ein Gütesiegel für Erfindungen angesehen werden, sie beweisen zudem gegenüber Dritten die Qualität einer Erfindung und spiegeln demzufolge die Forschungsleistung und die Innovationskraft eines Unternehmens wider. Dies wird als Reputation bezeichnet und stärkt Unternehmen, die viele Patente besitzen und über eine großes Patentportfolio verfügen (Burr et al. 2007, Cohen et al. 2000 sowie Hentschel 2007). Zur Demonstration ihrer technologischen Überlegenheit und zur Steigerung ihres Ansehens können Unternehmen gezielt ihre Patentstatistiken veröffentlichen (Burr et al. 2007, Ensthaler und Strübbe 2006, Harhoff 2011, Mohnkopf 2008 sowie Tiefel und Haas 2005). Ein höheres Unternehmensansehen ist zum einen ein öffentlichkeitswirksames Werbemittel, zum anderen dient es auch als Signalfunktion, insbesondere bei Verhandlungen mit anderen Unternehmen. Patente geben Aufschluss über die Zuverlässigkeit des Anmelders, den Innovationsgeist und die Zielstrebigkeit eines Unternehmens und können überdies bei Kooperationsverhandlungen oder Patentaustauschabkommen von Vorteil sein (Hentschel 2007, Offenburger 2014 sowie Tiefel und Haas 2005). In diesem Sinne dienen Patente als Vorleistungs- und Testfunktion, da sie teilweise beim Eintritt in neue Auslandsmärkte, beispielsweise China, erforderlich sind und an heimische Unternehmen lizenziert werden müssen (Burr et al. 2007).

Um die Aufgaben und Fähigkeiten im Element Marketing und Reputation zufriedenstellend erfüllen zu können, wird ein Unternehmen verschiedene Fragen beantworten:

- Werden ausgewählte, eigene Patente genutzt, um das Ansehen des Unternehmens zu steigern?

Tab. 4-17: Morphologie des Elements Marketing und Reputation mit drei Gestaltungsaspekten und deren Ausprägungen (Quelle: Eigene Darstellung).

			Marketing und Reputation
Gestaltungsaspekt	**Ausprägungen**		
Aktionen	aktiv	passiv	
Kommunikation	vielfältig und ausgewählt	ausgewählt	zufällig
Strategieeinfluss	steuernd	zurückhaltend	

- Werden eigene Patente genutzt, um die geschützten Erfindungen zu vermarkten?
- Wann und wie oft werden Patente zur Profilierung gegenüber den Wettbewerbern gezielt eingesetzt?
- Welche Patente werden genutzt, um sich gegenüber dem Wettbewerb abzugrenzen?

Zur näheren Beschreibung des Elements Marketing und Reputation mit unterschiedlichen Reifestufen wird eine aus drei Gestaltungsaspekten und mehreren Ausprägungen zusammengestellte Morphologie herangezogen, wie in Tabelle 4-17 aufgeführt. Neben dem Gestaltungsaspekt Aktionen im Rahmen von Marketing und Reputation sind noch die beiden Gestaltungsaspekte Kommunikation und Strategieeinfluss zu nennen. Die Aktionen können aktiv oder passiv ausgeprägt sein, was einer hohen bzw. niedrigen Reifestufe entspricht. Die Kommunikation kann von hoher zu niedriger Reife in den Ausprägungen vielfältig und ausgewählt, ausgewählt sowie zufällig vorliegen; der Strategieeinfluss dagegen in den beiden Ausprägungen steuernd und zurückhaltend.

Mit der zugrunde gelegten Morphologie lässt sich das Element Marketing und Reputation in vier Reifestufen beschreiben, wie es Abbildung 4-17 zeigt. Ein Unternehmen auf der Reifestufe N hat sich im Rahmen des Patentmanagements bisher nicht mit Marketing und Reputation auseinandergesetzt. Ein Unternehmen auf der Reifestufe 1 stößt dagegen die Reputation in einzelnen Fällen an, indem den patentierten Erfindungen (von Externen) eine erhöhte

Abb. 4-17: Reifestufen des Elements Marketing und Reputation der Dimension Verwertung (Quelle: Eigene Darstellung).

Qualität zugesprochen wird. Werden auf der anderen Seite ausgewählte Patente vom Unternehmen gezielt zum Marketing und zur Reputation der Erfindungen eingesetzt, dann steht es auf Stufe 2/3. Ein Unternehmen der Reife 4 veröffentlicht demgegenüber gezielt Patentinformationen, um sich gegenüber dem Wettbewerb zu profilieren und das Unternehmensansehen zu verbessern.

4.4.4 Wertsteigerung

Ein Unternehmen kann durch Patente und deren Erwähnung in der Öffentlichkeit den Unternehmenswert und den Marktwert positiv beeinflussen (Mittelstaedt 2009). Bekanntermaßen signalisieren Patente die Zuverlässigkeit des Anmelders, sie zeigen den Innovationsgeist und die Zielstrebigkeit eines Unternehmens auf und können beispielsweise bei Kooperationsverhandlungen oder Patentaustauschabkommen von Vorteil sein (Hentschel 2007, Offenburger 2014, Pienkos 2004 sowie Tiefel und Haas 2005). Darüber hinaus spielen Patente bei Verhandlungen über Unternehmensverkäufe, Fusionen

Tab. 4-18: Morphologie des Elements Wertsteigerung mit zwei Gestaltungsaspekten und deren Ausprägungen (Quelle: Eigene Darstellung).

			Wertsteigerung
Gestaltungsaspekt	**Ausprägungen**		
Strategieeinfluss	steuernd	zurückhaltend	
Zweck	monetär und technologisch	monetär	technologisch

oder Beteiligungen eine wichtige Rolle und können diese ebenso positiv beeinflussen (Pienkos 2004). Das Element Wertsteigerung betrachtet die in diesem Zusammenhang zu bewältigenden Aufgaben und Fähigkeiten, und es beschreibt diese in mehreren Reifestufen.

Im Zusammenhang mit dem Element Wertsteigerung wird ein Unternehmen mit folgenden Fragen konfrontiert:

- Werden Patente als wertvoll für das Unternehmen angesehen?
- Setzt das Unternehmen Patente gezielt ein, um den Unternehmenswert zu steigern?
- In welcher Art (technologisch, monetär) beeinflussen eigene Patente den Unternehmenswert?

Tabelle 4-18 führt die Morphologie des Elements Wertsteigerung mit zwei Gestaltungsaspekten (Strategieeinfluss und Zweck) und dessen Ausprägungen auf. Diese erlaubt es im Folgenden, das Element Wertsteigerung in fähigkeitsbasierten Reifestufen zu beschreiben. In hoher Reife kann der Strategieeinfluss steuernd erfolgen, in niedriger Reife dagegen zurückhaltend. Der Gestaltungsaspekt Zweck kann dagegen in drei Ausprägungen vorliegen, nämlich monetär und technologisch in hoher Reife und nur monetär oder lediglich technologisch in niedriger Reife.

Abbildung 4-18 zeigt die auf die Morphologie aufbauende Beschreibung des Elements Wertsteigerung in vier Reifestufen. Wie zu erkennen ist, berücksichtigt auf Reifestufe N das Unternehmen bisher das Element nicht. Ein Unternehmen auf Reifestufe 1 sieht dagegen Patente vereinzelt als wertvoll für das Unternehmen an. Erfolgen demgegenüber die Patentierungen im Unter-

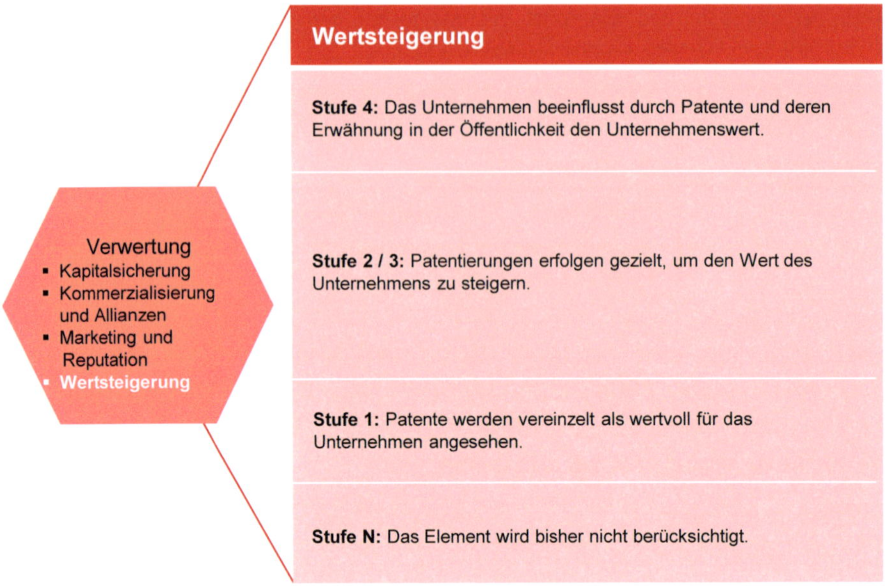

Abb. 4-18: Reifestufen des Elements Wertsteigerung der Dimension Verwertung (Quelle: Eigene Darstellung).

nehmen gezielt, um den Wert des Unternehmens zu steigern, dann kann dem Unternehmen die Reifestufe 2/3 bescheinigt werden. Mit der Reife 4 werden Unternehmen eingestuft, welche den Unternehmenswert durch Patente und deren Erwähnung in der Öffentlichkeit beeinflussen.

4.5 Durchsetzung – Welche Patente sollen verteidigt werden?

Laut Patentgesetz ist allein der Patentinhaber befugt, die patentierte Erfindung zu nutzen. Mit den Benutzungsbefugnissen gehen gleichzeitig auch Abwehrrechte einher, mittels derer der Patentinhaber Dritte von der Ausübung des Rechts ausschließen kann (siehe hierzu und im Folgenden Wege et al. 2013). Im Einzelnen lassen sich zwei Arten von Patentverletzungen anhand des Bezugsobjektes unterscheiden. Auf der einen Seite wird eine Erfindung in einem Produkt oder einem Prozess unzulässiger Weise genutzt (produkt- oder prozessbezogene Patentverletzung), auf der anderen Seite wird durch eine jüngere Patentanmeldung der Schutzbereich eines älteren Patentes eingeschränkt (schutzbereichsbezogene Patentverletzung).

Treten nun rechtswidrige produkt- oder prozessbezogene Verletzungen von Patenten auf, hat der Gesetzgeber eine Vielzahl an rechtlichen Sanktionen vorgesehen, die den Schutz des Patentinhabers sicherstellen sollen. So sieht das Patentgesetz neben zivilrechtlichen auch strafrechtliche und öffentlich-rechtliche Folgen im Fall von Rechtsverletzungen vor. Darüber hinaus kann im Einzelfall auch auf andere zivilrechtliche Rechtsinstitute und Vorschriften, insbesondere solche nach dem Bürgerlichen Gesetzbuch (BGB), zurückgegriffen werden. Als rechtliche Folgen können nach dem Patentgesetz die Unterlassung von Rechtsverletzungen, die Klage auf Schadensersatz sowie auf Beseitigung sonstiger Verletzungsfolgen (Verpflichtung, Rückruf) aber auch zur Vorbereitung der Geltendmachung von Ansprüchen genannt werden. Die Unterlassung bzw. Beseitigung von Störungen, der Ausgleich ungerechtfertigter Bereicherungen oder der Schadensersatz sind Beispiele für zivilrechtliche Folgen nach dem BGB. Maßnahmen der Zollbehörden im Zusammenhang mit einer Grenzbeschlagnahme zählen dagegen zu den öffentlich-rechtlichen Folgen von Patentverletzungen.

Treten schutzbereichsbezogene Patentverletzungen auf, so sieht das Patentgesetz die Einspruchsmöglichkeit gegen Patentanmeldungen vor. Als Einspruchsgründe können fehlende Neuheit, fehlende erfinderische Tätigkeit, mangelnde Ausführbarkeit oder das Vorhandensein eines älteren Rechts, wie z.B. das durch offenkundige Vorbenutzung seitens des Einsprechenden entstandene Weiterbenutzungsrecht, geltend gemacht werden (Walter und Schnittker 2016).

Die Dimension Durchsetzung enthält infolgedessen Elemente zur Rechtsperspektive und zur Durchsetzung von Patenten, und sie stellt sich der Frage, welche Patente verteidigt werden sollen. Ähnlich wie die Dimension Verwertung wird die Dimension Durchsetzung durch die Basisdimension Portfolio gestützt.

Es lassen sich der Dimension Durchsetzung drei Elemente zuordnen, die jeweils durch vier Reifestufen näher beschrieben werden, nämlich

- Abwehrverhalten (*Resistence*)
- Schutzbereichswahrung (*Preservation of Scope*) und
- Verletzungswahrnehmung (*Perception of Infringement*).

Dabei geht es grundsätzlich um die Wahrnehmung potenzieller Patentverletzungen, um die Maßnahmen bei Verletzungen und respektive um das Durchsetzen und Verteidigen eigener Patentansprüche. In den nachfolgenden Abschnitten 4.5.1 bis 4.5.3 werden diese drei Elemente im Detail thematisiert.

4.5.1 Abwehrverhalten

Mit dem Element Abwehrverhalten werden die Aufgaben und Fähigkeiten im Patentmanagement umfasst, die insbesondere mit dem Ablauf und den Handlungsmaßnahmen im Falle einer im Unternehmen eingehenden Patentverletzungsklage oder eines Einspruchs gegen ein eigenes Patent einhergehen.

Sollte das eigene Unternehmen die Patentrechte eines anderen wissentlich oder unwissentlich in seinen Produkten oder Prozessen verletzen, wird der Verletzte, nachdem er darauf aufmerksam geworden ist, zunächst eine Erklärung vom Verletzenden, eine sogenannte Berechtigungsanfrage, fordern (vgl. hierzu und im Folgenden Walter und Schnittker 2016 sowie Wege et al. 2013). Bleibt diese Berechtigungsanfrage unbeantwortet oder wird sie seitens des Verletzten als unbefriedigend beantwortet angesehen, erfolgt im Normalfall eine Abmahnung mit der ausdrücklichen Forderung, die Nutzung des besagten Patents zu unterlassen. Falls daraufhin die als unberechtigt angesehene

Nutzung des Patents weiterhin erfolgen sollte, ist im Weiteren sogar mit einer eingehenden Klage zu rechnen.

Gegen eingehende produkt- oder prozessbezogene Patentverletzungsklagen kann sich das Unternehmen wehren. Ist beispielsweise das Unternehmen davon überzeugt, dass das eigene Patent rechtskräftig ist, kann gegen das Patent des Angreifers eine Nichtigkeitsklage eingereicht werden, um dieses ebenfalls überprüfen zu lassen. Dabei ist grundsätzlich zu beachten, dass für die Beurteilung und Betreuung der patentrechtlichen Situation im Falle einer Patentverletzungsvermutung der Verletzende – im Allgemeinen aber auch der potenziell verletzte Patentinhaber – einen externen Patentanwalt zu Rate ziehen wird, der ein internes FTO-Statement erarbeitet. Dieses FTO-Statement stellt die Basis für ein Gutachten zur jeweiligen patentjuristischen Situation (FTO-Opinion) dar.

Sollte das eigene Unternehmen eine Erfindung zum Patent anmelden, die den Schutzbereich eines fremden Patentes betrifft und diesen einschränkt, muss mit einem Einspruch des fremden Unternehmens beim zuständigen Patentamt gerechnet werden. Nach Entscheidung über Aufrechterhaltung, Widerruf oder Einschränkung des Streitpatents hat das verteidigende Unternehmen die Möglichkeit – unter Hinzuziehung eines Patentanwalts – gegen die Einspruchsentscheidung Beschwerde einzulegen.

Im Kontext des Elements Abwehrverhalten stellt sich ein Unternehmen folgende Fragen:

- Wie reagiert das Unternehmen auf eine eingehende Verletzungsklage oder einen Einspruch?
- Sind im Unternehmen Abläufe zum Umgang mit eingehenden Patentverletzungsklagen oder Einsprüchen implementiert?
- Wer wird mit der Bewertung eingehender Verletzungsklagen oder Einsprüchen betraut?
- Welche Handlungsmaßnahmen sind aufgrund eingehender Verletzungsklagen oder Einsprüchen einzuleiten?

Tab. 4-19: Morphologie des Elements Abwehrverhalten mit zwei Gestaltungsaspekten und deren Ausprägungen (Quelle: Eigene Darstellung).

			Abwehrverhalten
Gestaltungsaspekt	**Ausprägungen**		
Durchführung	intern und extern	intern	extern
Verhandlungs-strategie	aktiv	passiv	

Zur Einordnung der Aufgaben und Fähigkeiten im Patentmanagement bezüglich des Elements Abwehrverhalten wird eine Morphologie eingesetzt, die aus zwei, in unterschiedlichen Ausprägungen vorliegenden, Gestaltungsaspekten besteht. Tabelle 4-19 zeigt diese Morphologie. Der erste Aspekt der Durchführung des Abwehrverhaltens kann extern, intern aber auch intern und extern erfolgen, einhergehend mit einer niedrigen bis zu einer hohen

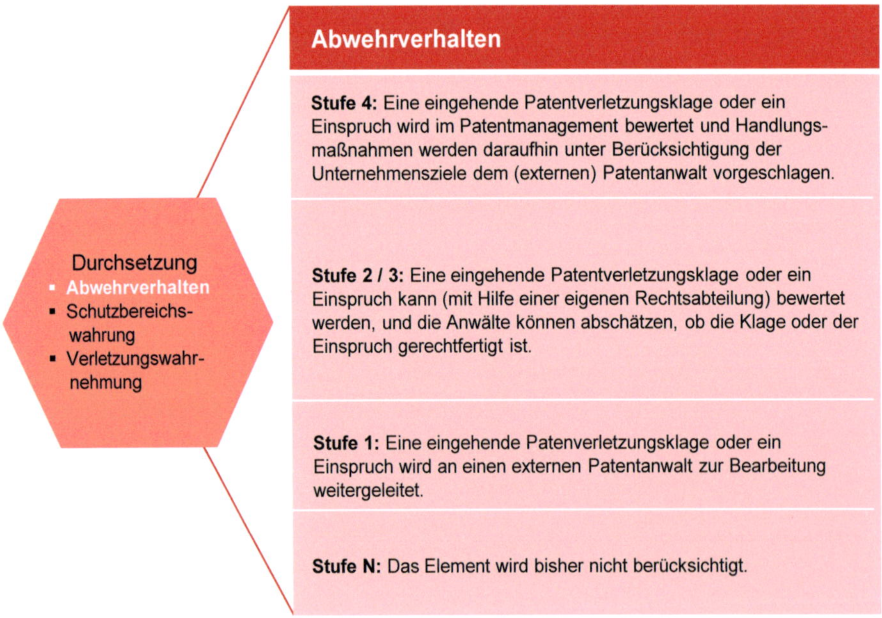

Abb. 4-19: Reifestufen des Elements Abwehrverhalten der Dimension Durchsetzung (Quelle: Eigene Darstellung).

Reifestufe. Der zweite Aspekt Verhandlungsstrategie liegt dagegen nur in zwei, einer hohen und niedrigen Reife entsprechenden Ausprägungen aktiv und passiv vor.

Mittels der Morphologie lässt sich das Element Abwehrverhalten in vier Reifestufen beschreiben, wie es die Abbildung 4-19 erkennen lässt. Hat das Unternehmen das Element Abwehrverhalten bisher nicht berücksichtigt, wird es mit der Reifestufe N charakterisiert. Fähigkeiten der Reifestufe 1 deskribieren, dass das Unternehmen eine eingehende Patentverletzungsklage oder ein Einspruch an einen externen Patentanwalt zur Bearbeitung weitergeleitet hat. Auf Reifestufe 2/3 finden sich dagegen Unternehmen, die eine eingehende Patentverletzungsklage oder einen Einspruch (mit Hilfe einer eigenen Rechtsabteilung) bewerten können und deren Anwälte auch abschätzen können, ob die Klage oder der Einspruch gerechtfertigt ist. Wird hingegen eine eingehende Patentverletzungsklage oder ein Einspruch im Patentmanagement bewertet und werden daraufhin Handlungsmaßnahmen unter Berücksichtigung der Unternehmensziele dem (externen) Patentanwalt vorgeschlagen, dann kann dem Unternehmen die Reifestufe 4 zugestanden werden.

4.5.2 Schutzbereichswahrung

Das Element Schutzbereichswahrung zielt auf die Aufgaben, die ein Unternehmen umsetzen sollte, falls dessen eigene Patente durch fremde Unternehmen verletzt werden.

Sobald ein eigenes Patent produkt- oder prozessbezogen verletzt wird, besteht ein unmittelbarer Handlungsbedarf, um den Schutz des geistigen Eigentums zu wahren. Die erste übliche Handlungsmaßnahme ist eine außergerichtliche Abmahnung, in der der Verletzende dazu aufgefordert wird, eine Unterlassungserklärung abzugeben. Zusätzlich kann verlangt werden, dass alle weiteren Verletzungsaktionen gegenüber dem Verletzten gemeldet werden sollen und entstandene, sowie zukünftig dadurch entstehende Schäden zu ersetzen sind (Möhrle und Walter 2009). Sofern der Verletzende nicht auf die Abmahnung reagiert, kann gerichtlich gegen die potenzielle Patentverletzung vorgegangen werden.

Sobald ein eigenes Patent durch die Patentanmeldung eines anderen Unternehmens schutzrechtsbezogen verletzt wird, kann ein Einspruch in Form eines schriftlichen Antrags, inklusive Begründung und Erklärung der Einspruchsgründe beim zuständigen Patentamt erfolgen. Solche Anträge stellt in den meisten Fällen ein externer Patentanwalt für das Unternehmen. Um einen schnelleren Ablauf zu gewährleisten, sollte das Unternehmen vorab die Dokumentation der Verletzung vornehmen. Andererseits stellt auch die Nichtigkeitsklage eine Reaktionsmöglichkeit dar, um den eigenen Schutzbereich zu wahren und gegen fremde Patente gerichtlich vorzugehen.

Für das Element Schutzbereichswahrung wird sich ein Unternehmen daher mit nachfolgenden Fragen auseinandersetzen:

- Welche unternehmensrelevanten Geschäftsfelder werden durch fremde Patente behindert?
- Wie wird die Handlungsfreiheit in unternehmensrelevanten Geschäftsfeldern sichergestellt?
- Wer beobachtet die Einschränkungen durch fremde Patente?
- Wie werden potenzielle Verletzungen durch fremde Patente aufgespürt?
- Wie wird gegen eine mögliche Einschränkung der eigenen Handlungsfreiheit durch fremde Patente vorgegangen?

Zur Beschreibung des Elements Schutzbereichswahrung in Reifestufen wird die in Tabelle 4-20 gezeigte Morphologie herangezogen. Sie setzt sich aus den

Tab. 4-20: Morphologie des Elements Schutzbereichswahrung mit drei Gestaltungsaspekten und deren Ausprägungen (Quelle: Eigene Darstellung).

			Schutzbereichswahrung
Gestaltungsaspekt	**Ausprägungen**		
Durchführung	intern und extern	intern	extern
Reaktion	strategisch	fallweise	
Überwachung	breit und regelmäßig	fallweise	

drei Gestaltungsaspekten Durchführung, Reaktion und Überwachung mit bis zu jeweils drei Ausprägungen, die mit einer unterschiedlichen Reife einhergehen, zusammen. In höher Reife kann die Durchführung der Schutzbereichswahrung intern und extern erfolgen; in absteigender Reife folgen hier erst die Ausprägung intern und dann die Ausprägung extern. Die beiden anderen Gestaltungsaspekte liegen nur in zwei Ausprägungen, entsprechend einer hohen und einer niedrigen Reife vor. So kann die Reaktion strategisch oder fallweise, die Überwachung dagegen breit und regelmäßig in hoher und fallweise in niedrige Reife erfolgen.

Die Beschreibung des Elements Schutzbereichswahrung in vier Reifestufen stellt Abbildung 4-20 dar. Reifestufe N zeigt, dass das Element vom Unternehmen bisher nicht berücksichtigt wird. Angenommen, es werden vereinzelt Einschränkungen durch Patentverletzungen von Wettbewerbern entdeckt und es wird mit Hilfe eines externen Anwalts gegen diese vorgegangen, dann spiegeln jene Fähigkeiten im Patentmanagement die Reifestufe 1 wider. Auf Reife 2/3 lassen sich Unternehmen einstufen, die aktiv nach Einschränkungen

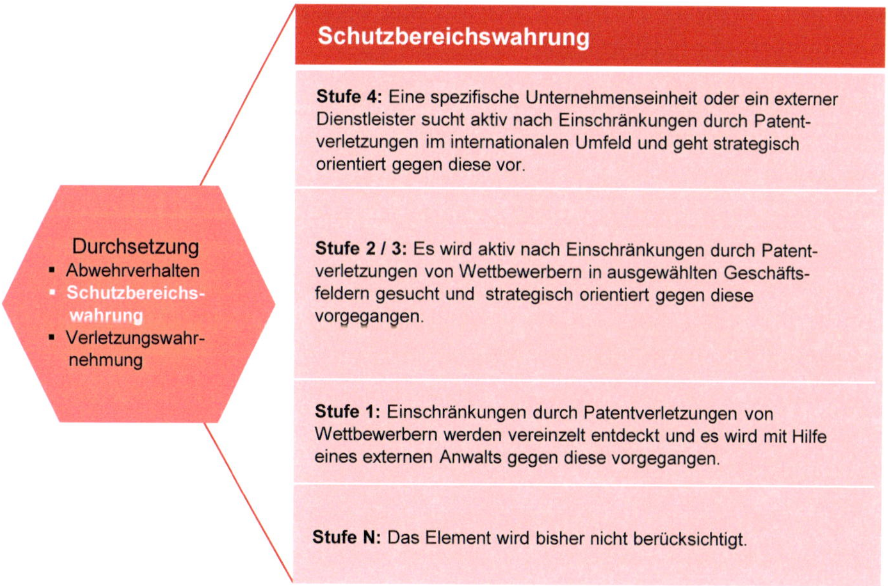

Abb. 4-20: Reifestufen des Elements Schutzbereichswahrung der Dimension Durchsetzung (Quelle: Eigene Darstellung).

durch Patentverletzungen von Wettbewerbern in ausgewählten Geschäftsfeldern suchen und strategisch orientiert gegen diese vorgehen. Erfolgt auf der anderen Seite eine aktive Suche nach Einschränkungen durch Patentverletzungen im internationalen Umfeld durch spezifische Unternehmenseinheiten oder externe Dienstleister und gehen diese strategisch orientiert gegen diese vor, dann stellen jene Fähigkeiten im Patentmanagement solche auf Reifestufe 4 dar.

4.5.3 Verletzungswahrnehmung

Das Element Verletzungswahrnehmung umfasst Aufgaben im Patentmanagement, die mit der Wahrnehmung (Erkennung) und der daraus resultierenden Vermeidung von Patentverletzungen einhergehen. Diese Aufgaben sind deshalb von Bedeutung, da mit produkt- oder prozessbezogenen Patentverletzungen und den damit verbundenen Klagen häufig hohe Schadensersatzforderungen einhergehen und zu einem wirtschaftlichen Misserfolg des Unternehmens führen können (Bergmann 2011). Hingegen können durch schutzbereichsbezogene Patentverletzungen Einschränkungen der Handlungsfreiheit (*Freedom to Operate* (FTO)) bewirkt werden, was ebenfalls zu Einbußen beim Unternehmensergebnis führen kann.

Grundsätzlich ist der Patentinhaber selbst dafür verantwortlich, Patentverletzungen zu erkennen und entsprechende Gegenmaßnahmen einzuleiten (Wagner und Thieler 2007). Das Recherchieren und Analysieren von Patentinformationen ist in diesem Zusammenhang besonders für schutzrechtsbezogene Patentverletzungen wichtig; allerdings geben diese Recherchen und Analysen oft keinen ausreichenden Aufschluss über rechtliche Risiken und Chancen bei produkt- oder prozessbezogenen Verletzungen. Die Beschaffung und technische Überprüfung von Wettbewerberprodukten liefert im Vergleich dazu vielfach eine klare Antwort, ob eine produkt- oder prozessbezogene Verletzung vorliegt, auch wenn dies zunächst eine Vermutung voraussetzt (Hentschel 2007).

Wird eine potenzielle Patentverletzung vom Unternehmen wahrgenommen, dann sollten den Mitarbeitern im Unternehmen neben (Handlungs-)Richtlinien, die eine rechtlich einwandfreie Situation schaffen und bewahren, auch ein interner Leitfaden bekannt sein, der eine ausreichende FTO im Unternehmen sicherstellt und beispielsweise festlegt, welche konkreten Schritte bei einer wahrgenommenen Patentverletzung einzuleiten sind (Walter und Schnittker 2016). Mit der Einhaltung eines solchen FTO-Leitfadens können Konflikte schneller gelöst und weitere Komplikationen vermieden werden.

Ein Unternehmen sollte sich im Rahmen des Elements Verletzungswahrnehmung folgende Fragen stellen:

- Wie werden Verletzungen eigener Patente identifiziert?
- Welche Richtlinien sind im Unternehmen zum Umgang mit der Verletzung eigener Patente vorhanden?
- Wer ist für die Identifizierung von Verletzung eigener Patente verantwortlich?
- Werden (ausgewählte) Mitarbeiter des Unternehmens über die Konsequenzen der Verletzung eigener Patente in Kenntnis gesetzt?
- Welche Maßnahmen werden eingeleitet, wenn eine Verletzung der eigenen Patente aufgespürt wird?

Das Element Verletzungswahrnehmung steht für zahlreiche Fähigkeiten zur Bewältigung der patentbezogen Aufgaben in potenziellen Verletzungssituationen und wird im Folgenden durch vier unterschiedliche Reifestufen beschrieben. Hierfür wird die in Tabelle 4-21 aufgestellte Morphologie genutzt, die den drei Gestaltungsaspekten Beobachtung, Beteiligte und Reaktion auf eine Verletzungswahrnehmung jeweils zwei – einer hohen und einem niedrigen Reifstufe entsprechende – Ausprägung zuordnet. Für die

Tab. 4-21: Morphologie des Elements Verletzungswahrnehmung mit drei Gestaltungsaspekten und deren Ausprägungen (Quelle: Eigene Darstellung).

Verletzungswahrnehmung		
Gestaltungsaspekt	**Ausprägungen**	
Beobachtung	aktiv	passiv
Beteiligte	ausgedehnt	begrenzt
Reaktion	strategisch	fallweise

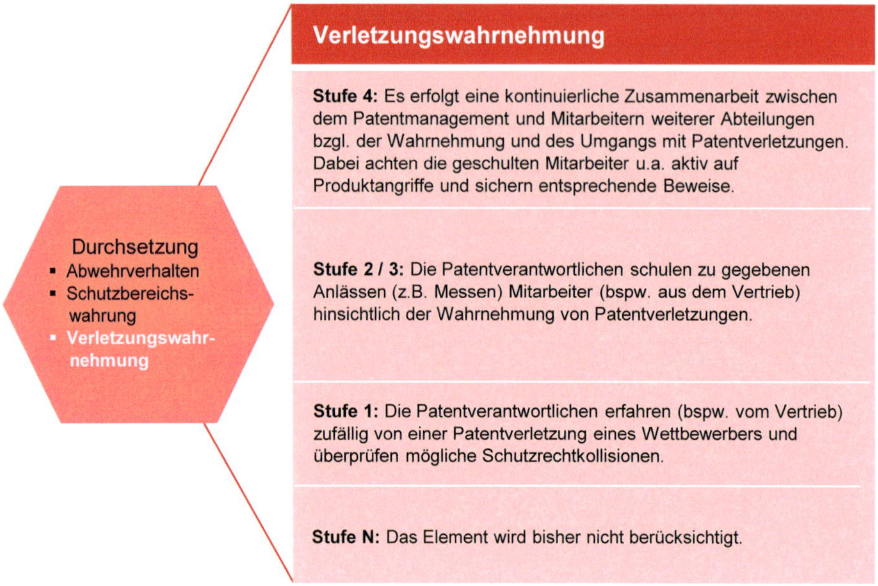

Abb. 4-21: Reifestufen des Elements Verletzungswahrnehmung der Dimension Durchsetzung (Quelle: Eigene Darstellung).

Beobachtung sind es die Ausprägungen aktiv und passiv, für die Beteiligten ausgedehnt und begrenzt sowie für die Reaktion die strategische oder fallweise Ausprägung.

Die vier, das Element Verletzungswahrnehmung beschreibenden Reifestufen sind in Abbildung 4-21 gezeigt. Wird das Element von einem Unternehmen bisher noch gar nicht berücksichtigt, sind seine Fähigkeiten mit der Reifestufe N zu kennzeichnen. Die Reifestufe 1 bedeutet, dass die Patentverantwortlichen im Unternehmen zufällig – beispielsweise von einem Vertriebsmitarbeiter – von einer Patentverletzung eines Wettbewerbers erfahren und daraufhin mögliche Schutzrechtkollisionen überprüfen. Reifestufe 2/3 zeigt an, dass die Patentverantwortlichen eines Unternehmens zu gegebenen Anlässen (z.B. Messen) die Mitarbeiter – beispielsweise aus dem Vertrieb – hinsichtlich der Wahrnehmung von Patentverletzungssituationen entsprechend schulen. Erfolgt allerdings eine kontinuierliche Zusammenarbeit zwischen dem Patentmanagement und Mitarbeitern weiterer Abteilungen bzgl.

der Wahrnehmung und des Umgangs mit Patentverletzungen, dann sind die Fähigkeiten im Patentmanagement der Reifestufe 4 zuzuordnen. Dabei achten die geschulten Mitarbeiter u.a. aktiv auf Produktangriffe und sichern entsprechende Beweise.

4.6 Organisation – Welche Stellen und Prozesse tragen das Patentmanagement?

Die zahlreichen zu erfüllenden Aufgaben des Patentmanagements sowie die Interaktionen mit den anderen Unternehmensfunktionen stellen an die Aufbauorganisation des Patentmanagements besondere Herausforderungen (Gassmann und Bader 2017). Beispielsweise ist zu klären, an welchen Stellen im eigenen Unternehmen das Patentmanagement eingebunden werden soll. Neben Kostenaspekten spielt hierbei auch die Verteilung der Kompetenzen und Verantwortlichkeiten eine wichtige Rolle, aber auch die Größe des Unternehmens ist für die Aufbauorganisation des Patentmanagements entscheidend. So kann das Patentmanagement in rein technologieorientierten Unternehmen beispielsweise innerhalb des Technologiemanagements angesiedelt sein, aber es sind durch die Entwicklung schlanker Organisationskonzepte auch kleine, flexible und effiziente Organisationseinheiten vorstellbar, die zu einer Verschmelzung mit den technologieorientierten Unternehmensfunktionen führen können. Haben in einem Unternehmen neben Patenten auch andere nicht-technische Schutzrechte (Marken, Domains oder Urheberrechte) eine wichtige Bedeutung, so kann mitunter auch eine Trennung von Patentmanagement und Rechtsabteilung stattfinden, d.h. dass die Verantwortlichkeit bei Patenten respektive bei den nicht-technischen Schutzrechten liegt. Häufig nimmt das Patentmanagement aber eine Querschnittsfunktion im Unternehmen ein und verknüpft und interagiert mit dem Innovationsmanagement, dem Technologiemanagement oder auch dem Marketing oder Projektmanagement (Walter und Schnittker 2016). Um mit Patentämtern und – bei Notwendigkeit – mit Patentgerichten zu kommunizieren, arbeitet das Patentmanagement nach außen zudem mit externen Juristen, Patentvertretern oder Patentanwälten zusammen, je nachdem wie es die länderspezifischen (Patent-)Gesetzgebungen vorschreiben.

Die Dimension Organisation enthält daher Elemente, die Schnittstellen zwischen der Patentverwaltung und anderen Funktionen innerhalb der Unternehmen betreffen. Infolgedessen steht hier die Frage im Vordergrund, welche Stellen und welche Prozesse das Patentmanagement eigentlich tragen.

Investitionen in diese Dimension untermauern die Basisdimensionen, und so ist diese Dimension eine unterstützende Dimension.

Die Organisationsdimension umfasst drei Elemente, nämlich

- Prozessintegration (*Process Integration*),
- Zuständigkeit (*Responsibility*) und
- Stakeholdermanagement (*Stakeholder Management*),

die jeweils durch vier bzw. fünf Reifestufen beschrieben werden. Im Folgenden werden die drei Elemente im Detail vorgestellt. Die Prozessintegration konzentriert sich auf die Integration von Patentaktivitäten in andere Geschäftsprozesse, z.B. Erfindungsprozesse, wie in Abschnitt 4.6.1 dargelegt. Das Element Zuständigkeit, in Abschnitt 4.6.2 vorgestellt, beschreibt die Verteilung der Zuständigkeiten in Bezug auf Patente innerhalb einer Aufbauorganisation; und beim Element Stakeholdermanagement, in Abschnitt 4.6.3 beschrieben, geht es um das Verhalten eines Unternehmens gegenüber internen und externen Akteuren, die am Patentmanagement beteiligt sind.

4.6.1 Prozessintegration

In den Unternehmen wird das Patentmanagement nicht geführt, um Gesetzen zu genügen, sondern um die Unternehmensziele zu erreichen (Huch 2001). Das Unternehmensziel stellt die Grundlage für eine langfristige Ausrichtung des strategischen Patentmanagements im Unternehmen dar. Hierfür unterstützt das Patentmanagement unter anderem das Technologiemanagement

> *in seiner zentralen Aufgabe, den Prozess der internen sowie der externen Technologiegewinnung, -speicherung und -verwertung im Hinblick auf die bestmögliche Erfüllung der Unternehmensziele zu planen und zu steuern* (Ernst 2002, S. 214).

Das Element Prozessintegration umfasst daher die in diesem Zusammenhang zu erfüllenden Aufgaben und Fähigkeiten und beschreibt insbesondere die Integration aller Patentprozesse in andere Funktionsbereiche eines Unternehmens. Mit Abstimmung auf die Unternehmensstrategie können Patentierungsaktivitäten frühzeitig in die Innovationsprozesse integriert werden, um einen schnelleren Ablauf zu ermöglichen und Entscheidungen in anderen

Bereichen des Unternehmens zu verbessern (Mittelstaedt 2009). In technologieorientierten Unternehmen interagieren im Kontext der Patente die Unternehmensfunktionen Patentmanagement, Forschung und Entwicklung, Innovationsmanagement und Technologiemanagement täglich miteinander und so entsteht ein dynamisches Spannungsfeld im Zusammenspiel der genannten Unternehmensfunktionen. Die Herausforderung der Unternehmensleitung besteht darin, die vorhandenen Ressourcen auf diese Unternehmensfunktionen so zu verteilen, dass die Gewichtung der Unternehmensstrategie entspricht (Walter und Schnittker 2016).

Die dargelegten Aspekte des Elements Prozessintegration zeigen, dass ein Unternehmen diverse Fragen beantworten sollte:

- In welcher Weise ist das Patentmanagement in weitere Unternehmensfunktionen integriert?
- Wie sind die vorhandenen Ressourcen für Patentaktivitäten im Unternehmen verteilt?
- Sind Patentaktivitäten Bestandteil von Innovationsprozessen?
- Orientieren sich die Patentaktivitäten an der Unternehmensstrategie?

Zur Beschreibung der Fähigkeiten des Elements Prozessintegration in verschiedenen Reifestufen wird eine Morphologie aus den zwei Gestaltungsaspekten Orientierung und Spektrum herangezogen. Die Aspekte liegen entsprechend unterschiedlicher Reife auch in unterschiedlichen Ausprägungen vor, wie es Tabelle 4-22 zeigt. In hoher Reife ist die Orientierung der

Tab. 4-22: Morphologie des Elements Prozessintegration mit zwei Gestaltungsaspekten und deren Ausprägungen (Quelle: Eigene Darstellung).

			Prozessintegration
Gestaltungsaspekt	**Ausprägungen**		
Orientierung	strategisch	innovations-bezogen	erfindungs-bezogen
Spektrum	ausgedehnt	begrenzt	

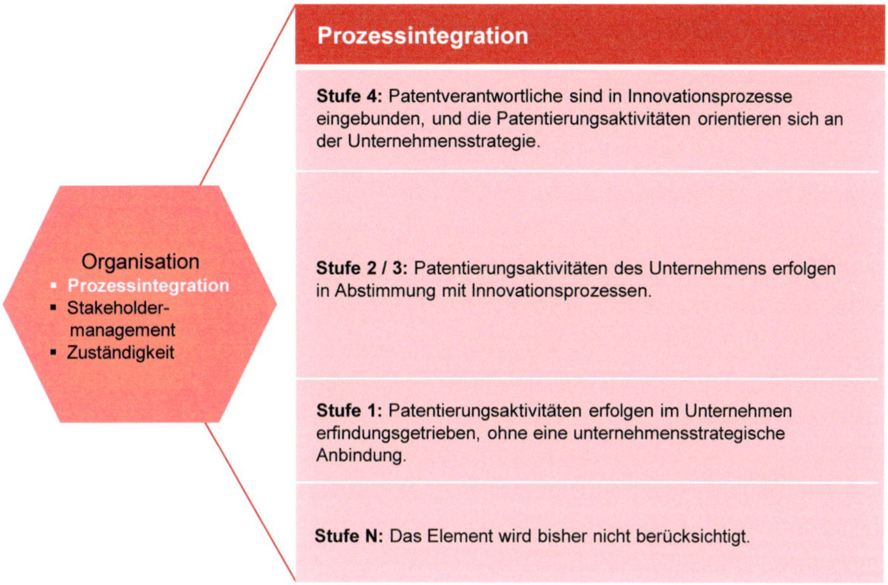

Abb. 4-22: Reifestufen des Elements Prozessintegration der Dimension Organisation (Quelle: Eigene Darstellung).

Prozessintegration strategisch und in niedrigerer Reife innovationsbezogen oder erfindungsbezogen ausgeprägt. Der Aspekt Spektrum zeigt sich nur in zwei Ausprägungen, nämlich ausgedehnt in hoher und begrenzt in niedriger Reife.

Mit der dargelegten Morphologie kann das Element in vier Reifestufen näher beschrieben werden. Abbildung 4-22 stellt diese Beschreibung dar. Wird die Prozessintegration von einem Unternehmen bisher nicht berücksichtigt, werden die Fähigkeiten mit der Reifestufe N charakterisiert. Auf Reifestufe 1 werden im Vergleich dazu Unternehmen charakterisiert, in welchen die Patentierungsaktivitäten erfindungsgetrieben und ohne eine unternehmensstrategische Anbindung erfolgen. Führen die Unternehmen ihre Patentierungsaktivitäten aber in Abstimmung mit ihren Innovationsprozessen durch, dann hat es die Reife 2/3. Auf der Reifestufe 4 stehen Unternehmen, deren Patentverantwortliche in die Innovationsprozesse eingebunden sind und deren Patentierungsaktivitäten sich an der Unternehmensstrategie orientieren.

4.6.2 Stakeholdermanagement

Für das Element Stakeholdermanagement spielen Aufgaben und Fähigkeiten im Patentmanagement eine Rolle, die der Identifikation aller Schnittstellen im Unternehmen dient. Walter und Schnittker (2016) unterscheiden in diesem Zusammenhang zwischen nach außen und nach innen gerichteten Schnittstellen. Nach innen gerichtete Schnittstellen befinden sich in den Bereichen des Technologiemanagements, Projektmanagements, Produktmanagements und der Rechtsabteilung im eigenen Unternehmen. Zu den nach außen gerichtete Schnittstellen zählen die Patentämter und Gerichte, sowie Patent- und Rechtsanwälte, Patentvertreter, sowie kooperierende Unternehmen und Forschungseinrichtungen. Aus diesen Schnittstellen bildet sich ein unternehmenseigenes Netzwerk aller relevanten Stakeholder des Patentmanagements. Neben einem regelmäßigen Erfahrungsaustausch können bei Bedarf die relevanten externen und internen Stakeholder zur Unterstützung herangezogen werden (Tiefel und Dirschka 2007 sowie Walter und Schnittker 2016).

Mit dem Element Stakeholdermanagement gehen für ein Unternehmen dementsprechend folgende Fragen einher:

- Wer unterstützt die Patentaktivitäten des Unternehmens?
- Welche Schnittstellen des Patentmanagements bestehen mit internen und externen Stakeholdern?
- Wie werden die Schnittstellen des Patentmanagements mit den internen und externen Stakeholdern gepflegt?

Um das Element Stakeholdermanagement in Form von Fähigkeiten in unterschiedlichen Reifestufen zu beschrieben, wird die in Tabelle 4-23 aufgeführte

Tab. 4-23: Morphologie des Elements Stakeholdermanagement mit zwei Gestaltungsaspekten und deren Ausprägungen (Quelle: Eigene Darstellung).

		Stakeholdermanagement
Gestaltungsaspekt	**Ausprägungen**	
Pflege	aktiv	passiv
Spektrum	ausgedehnt	begrenzt

Morphologie herangezogen. Sie setzt sich aus zwei Gestaltungsaspekten, die in jeweils zwei – einer hohen und niedrigen Reife entsprechenden – Ausprägungen vorliegen können. Der erste Gestaltungsaspekt der Pflege des Stakeholdermanagements kann in hoher Reife aktiv ausgeprägt sein, in niedriger Reife dagegen passiv. Das Spektrum – der zweite Aspekt – kann ausgedehnt aber auch begrenzt ausgeprägt sein, entsprechend einer hohen oder niedrigen Reife.

Die Morphologie heranziehend kann das Stakeholdermanagement durch in fünf Reifestufen vorliegende Fähigkeiten beschrieben werden, wie in Abbildung 4-23 gezeigt. Wird das Element seitens des Unternehmens nicht berücksichtigt, liegen dessen Fähigkeiten auf Reifestufe N. Werden patentnahe Stakeholder, beispielsweise ein Anwalt oder das Patentamt, im Falle einer (möglichen) Patentanmeldung kontaktiert, dann kann dem Unternehmen die Reife der Stufe 1 attestiert werden. Eine Reife der Stufe 2 wird dagegen einem Unternehmen attestiert, sofern es patentnahe Stakeholder für einen Erfahrungsaustausch regelmäßig kontaktiert. Werden über die patentnahen

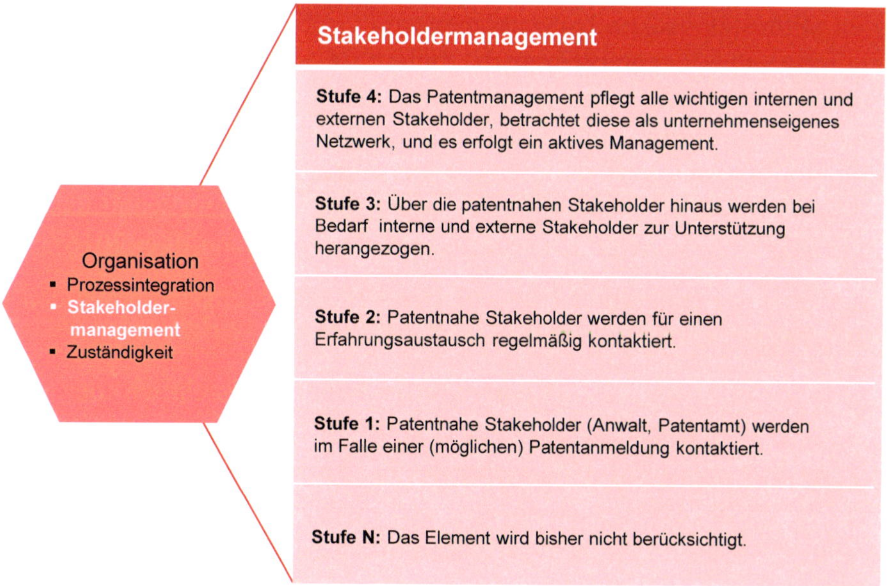

Abb. 4-23: Reifestufen des Elements Stakeholdermanagement der Dimension Organisation (Quelle: Eigene Darstellung).

Stakeholder hinaus auch bei Bedarf interne und externe Stakeholder zur Unterstützung herangezogen, dann liegt die Reifestufe 3 vor. Reifestufe 4 bedeutet, dass das Patentmanagement alle wichtigen internen und externen Stakeholder pflegt, diese auch als unternehmenseigenes Netzwerk betrachtet und hierfür ein aktives Management erfolgt.

4.6.3 Zuständigkeit

Die Verteilung der Kompetenzen und Zuständigkeiten nimmt eine wichtige Rolle bei der Aufbauorganisation des Patentmanagements ein, und so umfasst das Element Zuständigkeit die in Reifestufen beschriebenen zugehörigen Aufgaben und Fähigkeiten.

Die Zuständigkeiten des Patentmanagements sind bei Unternehmen unterschiedlich organisiert und hängen im Allgemeinen von der Größe des Unternehmens ab (Walter und Schnittker 2016). In kleinen und mittleren Unternehmen (KMU) liegt die Zuständigkeit häufig beim Entwicklungsleiter oder Geschäftsführer, der in Zusammenarbeit mit externen Patentanwälten alle Aspekte des Patentmanagements abwickelt (Gassmann und Bader 2017). In größeren mittelständischen Unternehmen und Großunternehmen existieren für gewöhnlich eigene Patentabteilungen. Zudem ist es bei technologieorientieren Unternehmen sinnvoll, das Patentmanagement nahe dem Technologiemanagement einzuordnen, dem ein technischer Leiter oder Geschäftsführer vorsteht. Bei börsennotierten Unternehmen hingegen wird das Patentmanagement oftmals in die Rechtsabteilungen integriert, vor allem wenn das Unternehmen eigene Patentanwälte beschäftigt (Walter und Schnittker 2016).

Das Element Zuständigkeit macht deutlich, dass ein Unternehmen hier folgende Fragen beantworten sollte:

- Wie sind die Verantwortlichkeiten hinsichtlich der Patentaktivitäten im Unternehmen verteilt?
- Wer ist im Unternehmen für das Patentmanagement verantwortlich?
- Wie werden die Aktivitäten im Patentmanagement gesteuert?
- Welchen Einfluss haben die verantwortlichen Akteure im Patentmanagement auf die Unternehmensstrategie?

Tab. 4-24: Morphologie des Elements Zuständigkeit mit drei Gestaltungsaspekten und deren Ausprägungen (Quelle: Eigene Darstellung).

			Zuständigkeit
Gestaltungsaspekt	**Ausprägungen**		
Anordnung	zentral und dezentral	zentral	dezentral
Aufgabenumfang	strategisch und operativ	strategisch	operativ
Aufgabenzuordnung	koordiniert	teilweise koordiniert	

Zur Beschreibung des Elements Zuständigkeit in Reifestufen kann die in Tabelle 4-24 aufgeführte Morphologie genutzt werden. Sie setzt sich aus drei Gestaltungsaspekten, die in unterschiedlichen Ausprägungen vorliegen, zusammen. Der erste Gestaltungsaspekt Anordnung kann in den drei Ausprägungen zentral und dezentral, nur zentral oder lediglich dezentral vorliegen,

Abb. 4-24: Reifestufen des Elements Zuständigkeit der Dimension Organisation (Quelle: Eigene Darstellung).

wobei die Reihenfolge der aufgeführten Ausprägungen eine hohe bis eine niedrige Reife widerspiegelt. Der zweite Aspekt Aufgabenumfang liegt auch in drei Ausprägungen vor, nämlich strategisch und operativ in hoher Reife sowie nur strategisch oder lediglich operativ in niedrigerer Reife. Beim dritten Gestaltungsaspekt der Aufgabenzuordnung sind zwei Ausprägungen vorhanden und zwar koordiniert (hohe Reife) und teilweise koordiniert (niedrige Reife).

Abbildung 4-24 visualisiert die Beschreibung des Elements Zuständigkeit der Dimension Organisation in vier fähigkeitsbasierten Reifestufen. Reifestufe N bedeutet, dass das Unternehmen das Element bisher nicht berücksichtigt. Reifestufe 1 zeigt an, dass im Unternehmen vereinzelt Ansprechpartner vorhanden sind, die bei Bedarf auch Kontakt zu einer Anwaltskanzlei aufbauen. Im Vergleich dazu können die Verantwortlichkeiten bei spezifischen Einheiten mit wirtschaftlichen und rechtlichen Kompetenzen im Unternehmen liegen, was einer Reifestufe von 2/3 entspricht. Mit der Reife 4 werden dagegen Unternehmen eingestuft, die über spezifische Einheiten verfügen, die ihre Aufgaben koordinieren, an der Unternehmensstrategie ausrichten und auf diese Einfluss nehmen.

4.7 Kultur – Welche weichen Faktoren unterstützen das Patentmanagement?

Der Erfolg eines Unternehmens drückt sich nicht nur in den harten Faktoren wie Umsatz oder Gewinn aus, sondern beispielsweise auch im Unternehmensimage oder der Mitarbeitermotivation, den sogenannten weichen Faktoren (Lies 2008). Infolgedessen stellt die Kultur in einem Unternehmen, neben der Fähigkeit zur Veränderung, einen wichtigen Wettbewerbsfaktor dar, und so stellt sich daher auch für viele patentaktive Unternehmen die Frage, welche weichen Faktoren das Patentmanagement unterstützen. Mit der Dimension Kultur werden daher Aufgaben und Fähigkeiten umfasst, die die Kultur des Unternehmens in Bezug auf Patente darstellen und Antworten auf die gestellte Frage liefern. Die Dimension ist, wie die Organisationsdimension, eine unterstützende Dimension im 7D Reifegradmodell, da sie die fünf Basisdimensionen Portfolio, Generierung, Intelligence, Verwertung und Durchsetzung untermauert. Die Kulturdimension umfasst drei Elemente

- Anreiz und Motivation (*Incentive and Motivation*),
- Informations- und Wissensaustausch (*Information and Knowledge Transfer*) sowie die
- Wahrnehmung (*Awareness*),

deren Fähigkeiten im Patentmanagement durch jeweils fünf Reifestufen beschrieben werden.

Im nachfolgenden Abschnitt 4.7.1 geht es um das Element Anreiz und Motivation. Dieses Element konzentriert sich auf die Maßnahmen, die helfen, dass ein Unternehmen Anreize zur Patentierung der eigenen Erfindungen schafft und zudem die Mitarbeiter motiviert, weiterhin patentaktiv zu sein. Beim Element Informations- und Wissensaustausch geht es darum, wie Informationen aus Patenten im Unternehmen verteilt werden; es wird in Abschnitt 4.7.2 thematisiert. Abschnitt 4.7.3 stellt das Element Wahrnehmung vor. Das Element zeigt, ob dem Unternehmen und seinen Mitarbeitern die rechtliche und wirtschaftliche Bedeutung von Patenten bekannt sind.

4.7.1 Anreiz und Motivation

Mit dem Element Anreiz und Motivation werden Aufgaben und Fähigkeiten im Patentmanagement betrachtet, die dazu führen (sollen), dass Mitarbeiter dazu bewegt werden, patentfähige Erfindungen zu erschaffen.

Durch Anreiz und Motivation kann ein Unternehmen das Innovationsklima fördern und sicherstellen, dass die Mitarbeiter über zeitliche und sachliche Freiräume zur Ideengenerierung verfügen (Postinett et al. 2010 sowie Sommerlatte et al. 2006). Unter die zeitlichen Freiräume fällt insbesondere das Einräumen von Entwicklungszeiten für die eigenen Erfinder; unter den sachlichen Freiräumen werden dagegen Schulungen für Erfinder, aber auch die Möglichkeit, externe Partner zu Patentfragen zu Rate zu ziehen, verstanden. Des Weiteren zählen auch Anreize für Erfinder, wie beispielsweise die Zahlung von Erfindungsprämien oder der Erhalt von Statusvorteilen, zu den motivierenden Maßnahmen, die zu den Aufgaben des Elements Anreiz und Motivation gezählt werden (Ensthaler und Strübbe 2006, Harguth und Carlson 2011 sowie Harhoff 2011).

Das Element Anreiz und Motivation legt mehrere Fragen an den Tag, die ein Unternehmen beantworten sollte:

- Wie werden Erfinder und ihre Erfindungen im Unternehmen geschätzt?

Tab. 4-25: Morphologie des Elements Anreiz und Motivation mit drei Gestaltungsaspekten und deren Ausprägungen (Quelle: Eigene Darstellung).

			Anreiz und Motivation
Gestaltungsaspekt	**Ausprägungen**		
Erfinderansehen	hoch	mittel	niedrig
Erfinderhonorierung	monetär und statusorientiert ergänzend	monetär ergänzend	gesetzeskonform
Förderung	aktiv	passiv	

- Werden Schlüsselerfinder im Unternehmen besonders angesehen?
- Werden Mitarbeiter zu patentfähigen Erfindungen ermutigt?
- Wie werden Erfinder ermutigt, patentfähige Erfindungen zu generieren?
- Wie werden Erfinder im Unternehmen honoriert?

Um im Folgenden die Fähigkeiten des Elements Anreiz und Motivation mit Reifestufen beschreiben zu können, wird die aus den drei Gestaltungsaspekten Erfinderansehen, Erfinderhonorierung und Förderung bestehende Morphologie genutzt. Tabelle 4-25 führt diese Morphologie auf, indem die drei Gestaltungsaspekte mit je zwei bis drei Ausprägungen versehen sind, die unterschiedliche Reifestufen repräsentieren. Dabei kann das Ansehen der Erfinder niedrig, mittel bis hoch ausgeprägt sein, die Erfinderhonorierung dagegen in niedriger Stufe gesetzeskonform, in höherer Stufe monetär ergänzend und in hoher Stufe dann monetär und statusorientiert ergänzend.

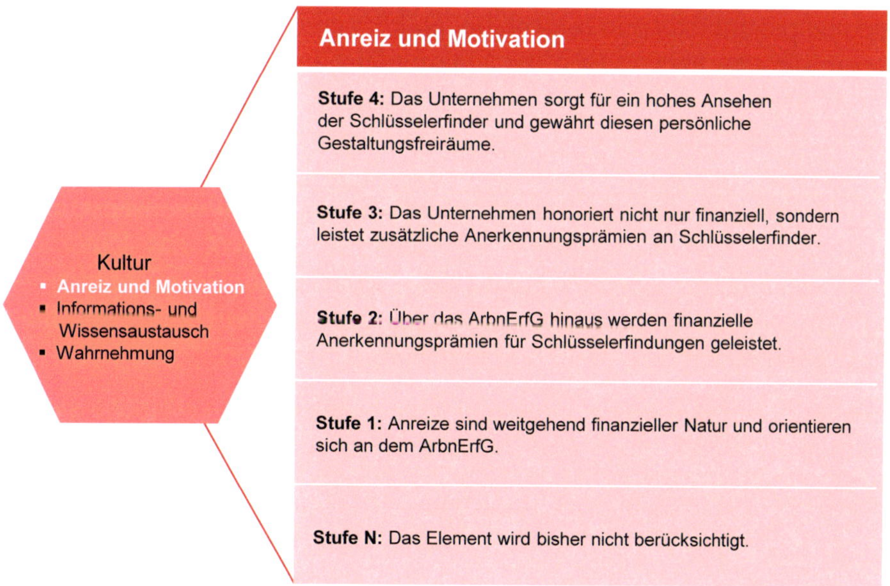

Abb. 4-25: Reifestufen des Elements Anreiz und Motivation der Dimension Kultur (Quelle: Eigene Darstellung).

Die Förderung zeichnet sich nur durch zwei Ausprägungen aus, sie kann in niedriger Reife passiv und in hoher Reifestufe dagegen aktiv erfolgen.

Abbildung 4-25 stellt die fünf Reifestufen für die Beschreibung des Elements Anreiz und Motivation dar. Unternehmen, die das Element bisher noch nicht berücksichtigen, werden auf der Reifestufe N verortet. Setzt das Unternehmen auf finanzielle Anreize seiner Erfinder und Entwickler und orientiert es sich dabei an dem Arbeitnehmererfindergesetz (ArbnErfG), kann es mit der Reifestufe 1 ausgezeichnet werden. Lässt es darüber hinaus Schlüsselerfindern noch finanzielle Anerkennungsprämien zukommen, wird es mit Reifestufe 2 bewertet. Auf Reifestufe 3 honorieren Unternehmen ihre Schlüsselerfinder nicht nur finanziell, sondern sie leisten auch zusätzliche Anerkennungsprämien, beispielsweise durch die Teilnahme an Fortbildungen oder Patentkonferenzen. Auf der Reifestufe 4 finden sich Unternehmen, die für ein hohes Ansehen der Schlüsselerfinder sorgen und diesen auch noch persönliche Gestaltungsfreiräume gewähren.

4.7.2 Informations- und Wissensaustausch

Patente und patentbezogene Informationen können in Unternehmen aufbereitet und ausgewählten, aber auch allen Mitarbeitern zugänglich gemacht werden. Der Informations- und Wissensaustausch kann dabei durch regelmäßige Treffen der Erfinder und Entwickler in einem Unternehmen, aber auch durch die Schaffung von Freiräumen zum gemeinsamen Erfinden positiv beeinflusst werden. Darum geht es im Element Informations- und Wissensaustausch. Es wird dargelegt, welche Aufgaben im Patentmanagement das Unternehmen dazu befähigen, spezifisches Wissen (z.B. Technologie, Recht, Markt) an die Mitarbeiter effizient zu verteilen und diese über alle wichtigen Patente und dessen beinhaltenden Informationen in Kenntnis zu setzen.

Mit dem Element Informations- und Wissensaustausch verbinden sich zahlreiche Fragen, die sich ein Unternehmen stellen sollte:

- Auf welche Art und Weise erfolgt ein Austausch relevanter Patentinformationen im Unternehmen?
- Wie werden im Unternehmen Patentinformationen aufbereitet und bei Bedarf um weitere Informationen ergänzt?

- Welche ergänzenden Mittel zum Informationsaustausch rund um Patente werden im Unternehmen eingesetzt?
- Wie ist der Ablauf zur Verteilung von Patentinformationen, Wissen und Erfahrungen im Unternehmen geregelt?

Um die Aufgaben und Fähigkeiten im Rahmen des Elements Informations- und Wissensaustausch durch Reifestufen näher zu beschreiben, wird die in Tabelle 4-26 aufgeführte Morphologie herangezogen. Sie setzt sich aus vier Gestaltungsaspekten zusammen, die in bis zu drei Ausprägungen vorkommen können und eine Differenzierung der Fähigkeiten zwischen einer hohen und einer niedrigen Reife ermöglichen. Beim ersten Gestaltungsaspekt geht es um die Datengrundlage des Informations- und Wissensaustauschs. Dieser kann, von einer hohen bis niedrigen Reife ausgehend, aufbereitet und erweitert, ausschließlich aufbereitet oder nur rohdatenbezogen ausgeprägt sein. Die beiden nächsten Aspekte Medium und Verteilung können ebenfalls in jeweils drei Ausprägungen vorliegen, nämlich digital und analog, nur digital oder bloß analog respektive breit und gezielt, nur breit oder bloß gezielt. Für den letzten, vierten Gestaltungsaspekt Workflow liegen lediglich die zwei Ausprägungen definiert (in hoher Reife) und fallweise (in niedriger Reife) vor.

Für das Element Informations- und Wissensaustausch lassen sich demzufolge fünf Reifestufen herausarbeiten, die das Element näher beschreiben. In Abbildung 4-26 sind diese fünf Reifestufen abgebildet. In niedriger Reife (Stufe N) hat ein Unternehmen das Element bisher noch gar nicht berück-

Tab. 4-26: Morphologie des Elements Informations- und Wissensaustausch mit vier Gestaltungsaspekten und deren Ausprägungen (Quelle: Eigene Darstellung).

		Informations- und Wissensaustausch	
Gestaltungsaspekt	**Ausprägungen**		
Datengrundlage	aufbereitet und erweitert	aufbereitet	rohdaten-bezogen
Medium	digital und analog	digital analog	
Verteilung	breit und gezielt	breit	gezielt
Workflow	definiert	fallweise	

sichtigt, während es in höchster Reife (Stufe 4) Patente und patentbezogene Informationen kontinuierlich aufbereitet und allen Mitarbeitern auch zugänglich macht. Dabei wird spezifisches Wissen zur Technologie, zum Recht und zum Markt effizient verteilt und im Unternehmen diskutiert. Mit der Reifestufe 1 werden Unternehmen beurteilt, sofern die Patentinformationen dem Erfinder und Anmelder im Unternehmen vorliegen und diese Informationen über persönliche Kontakte im Unternehmen verbreitet werden. Reifestufe 2 bedeutet im Vergleich dazu, dass im Unternehmen eine informelle Kommunikation von den Patentverantwortlichen gepflegt und durch moderne Informations- und Kommunikationstechnologie (IKT) unterstützt wird. Werden dagegen rohe Patentinformationen im Unternehmen verfügbar gemacht (u.a. durch moderne IKT) und eine Diskussion gefördert, dann steht das Unternehmen auf der Reifestufe 3.

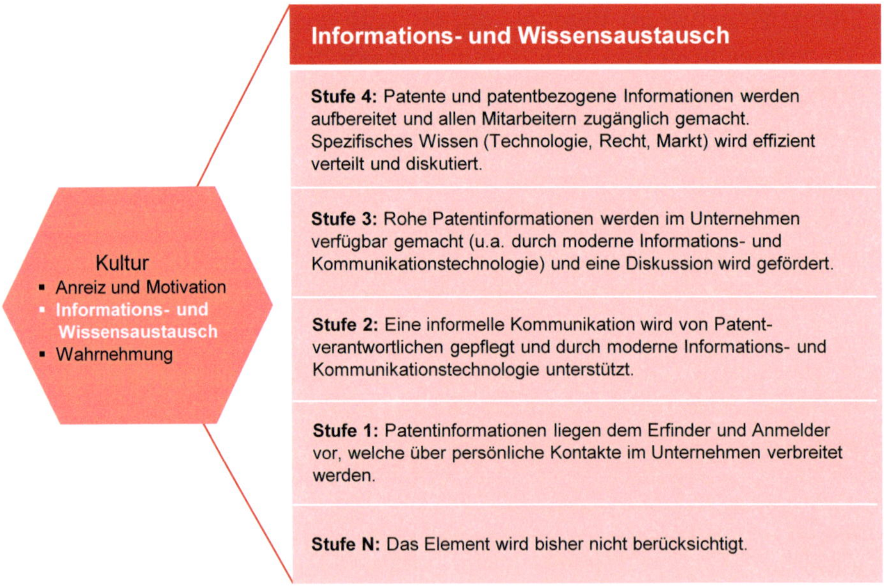

Abb. 4-26: Reifestufen des Elements Informations- und Wissensaustausch der Dimension Kultur (Quelle: Eigene Darstellung).

4.7.3 Wahrnehmung

Zu der Unternehmenskultur zählt bei patentaktiven Unternehmen auch die unternehmenseigene Einstellung zu Patenten. Demzufolge sollte die Bedeutung von Patenten für ein Unternehmen allen Mitarbeitern bewusst sein. Das Element Wahrnehmung hat daher die in diesem Zusammenhang umzusetzenden Aufgaben und Fähigkeiten im Patentmanagement zum Gegenstand und beschreibt diese in unterschiedlichen Reifestufen.

Zur Wahrnehmung tragen regelmäßige Schulungen zum Thema Patente und Patentmanagement bei. Solche Schulungen stärken und sensibilisieren das Bewusstsein der Mitarbeiter für Patente, und so unterstützt das Patentmanagement obendrein die Förderung einer Innovationskultur im Unternehmen (Sommerlatte et al. 2006). Zu den Schulungen können interne oder externe Patentexperten und/oder Patentanwälte eingeladen werden, die den Mitarbeitern des Unternehmens die rechtliche und wirtschaftliche Bedeutung von Patenten näher bringen. Dadurch kann das Verständnis und die Bedeutung von Patenten bei den Mitarbeitern kontinuierlich verbessert und verankert werden.

Das Element Wahrnehmung macht deutlich, dass ein Unternehmen sich hier den folgenden Fragen stellen sollte:

- Werden Patente als bedeutend für das Unternehmen angesehen?
- Ist den Mitarbeitern neben der rechtlichen auch die wirtschaftliche Bedeutung der Patente für das Unternehmen bekannt?
- Welche Einstellung haben Mitarbeiter des Unternehmens den Patenten gegenüber?
- Welches Ansehen haben Patente bei den relevanten Unternehmensfunktionen?

Zur Beschreibung des Elements Wahrnehmung werden Fähigkeiten herangezogen, deren Charakterisierung durch Reifestufen erfolgt, die sich unter Nutzung einer aus drei, mit unterschiedlichen Ausprägungen vorkommenden, Gestaltungsaspekten herausarbeiten lassen. Tabelle 4-27 führt diese aus Gestaltungsaspekten und Ausprägungen zusammengestellte Morphologie des Elements Wahrnehmung auf. Der erste Gestaltungsaspekt Ansehen kann dabei

Tab. 4-27: Morphologie des Elements Wahrnehmung mit drei Gestaltungsaspekten und deren Ausprägungen (Quelle: Eigene Darstellung).

			Wahrnehmung
Gestaltungsaspekt	**Ausprägungen**		
Ansehen	hoch	mittel	gering
Bewusstsein	ausgeprägt	selektiv	
Verbreitung	unternehmensweit	bereichsweise oder personenbezogen	

von einer hohen, einer mittleren bis zu einer geringen Ausprägung im Unternehmen vorhanden sein. Diese Ausprägungen sind entsprechend mit einer hohen bis niedrigen Reife der zugehörigen Fähigkeiten im Patentmanagement verbunden. Die beiden anderen Gestaltungsaspekte Bewusstsein und Verbreitung kommen dagegen nur in zwei Ausprägungen vor. So kann das Bewusstsein in hoher Reife ausgeprägt sein und in niedriger Reife dagegen selektiv; die Verbreitung kann demgegenüber unternehmensweit respektive bereichsweise oder personenbezogen ausgeprägt sein.

Auf diese Weise lässt sich das Element Wahrnehmung durch fünf Reifestufen beschreiben. Die Abbildung 4-27 zeigt, dass Unternehmen auf der Reifestufe N dieses Element bisher nicht berücksichtigen, auf der Reifestufe 1 ist im Vergleich dazu dem Großteil der Mitarbeiter im Unternehmen zumindest die rechtliche Bedeutung von Patenten bewusst. Liegen die Fähigkeiten im Patentmanagement bzgl. der Wahrnehmung auf der Reifestufe 2, dann haben die meisten technischen Mitarbeiter ausreichende Kenntnis über die rechtliche und wirtschaftliche Bedeutung von Patenten. Sind andererseits dem Großteil der Mitarbeiter neben der rechtlichen Bedeutung auch der wirtschaftliche Nutzen der Patente für das Unternehmen bewusst, dann kann dem Unternehmen die Reifestufe 3 bescheinigt werden. Reifestufe 4 bedeutet, dass Patente von allen relevanten Unternehmensfunktionen als wertvoller rechtlicher und wirtschaftlicher Bestandteil des Unternehmens wie auch der zukünftigen Entwicklung des Unternehmens angesehen werden.

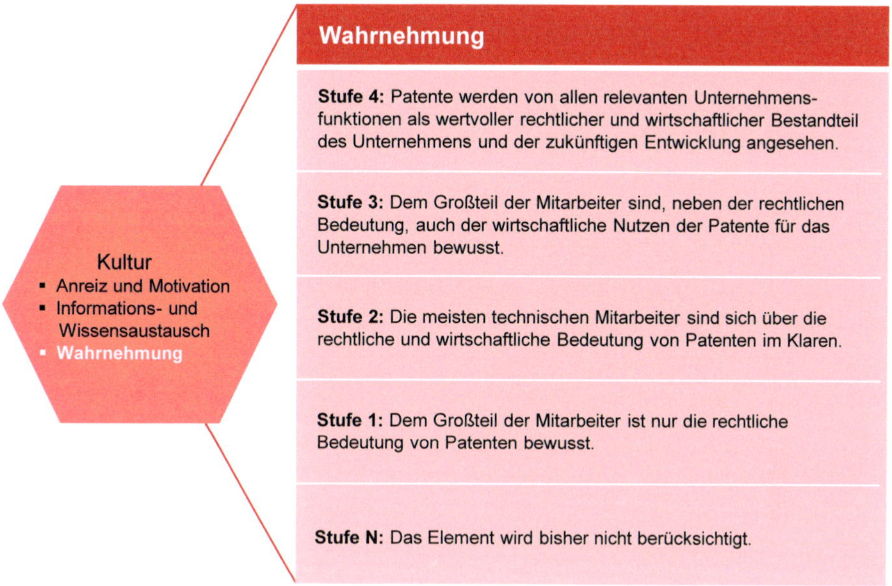

Abb. 4-27: Reifestufen des Elements Wahrnehmung der Dimension Kultur (Quelle: Eigene Darstellung).

4.8 Literatur zum vierten Kapitel

Adams, S. (2001). Comparing the IPC and the US classification systems for the patent searcher. World Patent Information, Vol. 23, pp. 15–23.

Bader, M. A.; Gassmann, O.; Ziegler, N. und Rüther, F. (2012). Getting the most out of your IP–patent management along its life cycle. Drug discovery today, Vol. 17, pp. 281–284.

Bendl, E. und Weber, G. (2013). Patentrecherche und Internet. 4. Auflage, Rdn. 125. Carl Heymanns Verlag, Köln.

Bergmann, I. (2011). Patentverletzungen in der Biotechnologie – Einsatz semantischer Patentanalysen. Gabler Verlag, Wiesbaden.

Blind, K.; Cramers, K. und Müller, E. (2009). The influence of strategic patenting on companies‘ patent portfolios. Research Policy, Vol. 38(2), pp. 428–436.

Blind, K.; Edler, J.; Frietsch, R. und Schmoch, U. (2006). Motives to patent: Empirical evidence from Germany. Research Policy, Vol. 35(5), pp. 655–672.

Brockhoff, K. (1992). Instruments for patent data analysis in business firms. Technovation, Vol. 12, pp. 41–58.

Burr, W.; Stephan, M.; Soppe, B. und Weisheit, S. (2007). Patentmanagement – Strategischer Einsatz und ökonomische Bewertung von technologischen Schutzrechten. Schäffer-Pöschel, Stuttgart.

Carlsson, B.; Dumitriu, M., Glass, J. T.; Nard, C. A. und Barrett, R.et al. (2008). Intellectual property (IP) management: organizational processes and structures, and the role of IP donations. J. Technol. Trans., Vol. 33, pp. 549–559.

Chesbrough, H. W. (2006). Open Innovation – The New Imperative for Creating and Profiting from Technology. Harvard Business School Press, Boston MA.

Chesbrough, H. W.; Vanhaverbeke, W. und West, J. (Eds.). (2008). Open innovation – Researching a New Paradigm. Oxford University Press on Demand.

Child, J.; Faulkner, D. und Tallman, S. (2009). Cooperative Strategy: Managing Alliances, Networks, and Joint Ventures. Oxford University Press, USA.

Cohen, W. M.; Nelson, R. R. und Walsh, J. P. (2000). Protecting Their Intellectual Assets: Appropriability Conditions and Why U.S. Manufacturing Firms Patent (or Not). Working Paper No. 7552. National Bureau of Economic Research, Cambridge.

DeMatteis, B. (2005). From Patent to Profit: Secrets and Strategies for the successful inventor. 3 edition, SquareOne, New York.

Depner, H., Baharian, A. und Vollborth, T. (2017). Wirksamkeit der geförderten FuE-Projekte des Zentralen Innovationsprogramms Mittelstand (ZIM). Expertise 1|2017, RKW Kompetenzzentrum, Eschborn.

Deutsches Patent- und Markenamt (2016). Recherche zum Stand der Technik im Internet. Siehe unter: https://www.dpma.de/docs/service/veroeffentlichungen/broschueren/recherche_standdertechnik.pdf, Abruf 29.06.2017.

Dreßler, A. (2006). Patente in technologieorientierten Mergers und Acquisitions. Nutzen, Prozessmodell, Entwicklung und Interpretation semantischer Patentland-karten. DUV Gabler, Wiesbaden.

Enkel, E.; Bell, J. und Hogenkamp, H. (2011). Open innovation maturity framework. International Journal of Innovation Management, Vol. 15, pp. 1161–1189.

Ensthaler, J. und Strübbe, K. (2006). Patentbewertung – Ein Praxisleitfaden zum Patentmanagement. Springer Verlag, Berlin Heidelberg, New York.

Ernst, H. (1996). Patentinformationen für die strategische Planung von Forschung und Entwicklung. Betriebswirtschaftslehre für Technologie und Innovation. DUV, Wiesbaden.

Ernst, H. (1998). Patent portfolios for strategic RundD planning. Journal of Engineering and Technology Management, Vol. 15, pp. 279–308.

Ernst, H. (2002). Strategisches IP-Management in schnell wachsenden Technologie-unternehmen. In: Ulrich Hommel und Thomas C. Knecht (Hrsg.). Wertorientiertes Start-up Management. Vahlen, München, S. 292–319.

Ernst, H. (2003). Patent information for strategic technology management. World Patent Information, Vol. 25(3), pp. 233–242.

Ernst, H. und Vitt, J. (2000). The influence of corporate acquisitions on the behaviour of key inventors. RundD Management, Vol. 30(2), pp. 105–120.

Europäisches Patentamt (2011). IP teaching kit. Siehe unter http://www.epo.org/learning-events/materials/kit_de.html, Abruf 03.07.2017.

Europäisches Patentamt (2017). FAQ - Patentmanagement und –bewertung. Siehe unter https://www.epo.org/service-support/faq/searching-patents/valuation_de.html#faq-136, Abruf 07.07.2017.

Frischkorn, J. (2017). Technologieorientierte Wettbewerbspositionen und Patentportfolios – Theoretische Fundierung, empirische Analyse, strategische Implikationen. Springer Fachmedien, Wiesbaden.

Gassmann, O. und Bader, M. A. (2017). Patentmanagement – Innovationen erfolgreich nutzen und schützen. 4. Aufl. Springer-Verlag, Berlin, Heidelberg.

Gill, D. (2008). Strategic disclosure of intermediate research results. Journal of Economics und Management Strategy, Vol. 17, pp. 733–758.

Gösche, A. (1991). Mergers und Acquisitions im Mittelstand – Unternehmen und Beteiligungen gezielt kaufen und verkaufen: Planung, Strategie, Durchführung, Integration. Gabler, Wiesbaden.

Graham, S. J. H. und Sichelman, T. M. (2010). Patenting by Entrepreneurs: An Empirical Study. Michigan Telecommunications and Technology Law Review, Vol. 17, pp. 111–180.

Hans, L. (2003). Strategisches Geschäftsfeld und Geschäftsfeldanalysen. In: Werner Pepels (Hrsg.) Marketing-Controlling-Organisation: Grundgestaltung marktorientierter Unternehmenssteuerung. E. Schmidt, Berlin.

Harguth, A. und Carlson, S. (2011). Patents in Germany and Europe – Procurement, Enforcement and Defense. Kluwer Law International, New York.

Harhoff, D. (2005). Strategisches Patentmanagement. In: Sönke Albers (Hrsg.) (2005). Handbuch Technologie- und Innovationsmanagement. Gabler, Wiesbaden, S. 159–176.

Harhoff, D. (2011). Strategisches Patentmanagement. In: Oliver Gassmann und Sönke Albers (Eds.) Handbuch Technologie- und Innovationsmanagement. Strategie - Umsetzung - Controlling. Gabler, Wiesbaden.

Harhoff, D. und Reitzig, M. (2001). Strategien zur Gewinnmaximierung bei der Anmeldung von Patenten. Zeitschrift für Betriebswirtschaft, Vol. 71(5), S. 509–529.

Helmers, C. und Rogers, M. (2011). Does patenting help high-tech start-ups? Research Policy, Vol. 40, pp. 1016–1027.

Hentschel, M. (2007). Patentmanagement, Technologieverwertung und Akquise externer Technologien. Eine empirische Analyse. DUV, Wiesbaden.

Hikkerova, L.; Kammoun, N. und Lantz, J.-S. (2014). Patent life cycle: New evidence. Technological Forecasting and Social Change, Vol. 88, pp. 313–324.

Hoenig, D. und Henkel, J. (2015). Quality signals? The role of patents, alliances and team experience in venture capital financing. Research Policy, Vol. 40, pp. 1049–1064.

Hofinger, S. D. (1997). Patentanalyse als Instrument unternehmerischer Patentpolitik. Epi Information, Heft 4, S. 100–104.

Huch, P. (2001). Die Industriepatentabteilung – Die Arbeit des Patentingenieurs und die Aufgabe der Patentabteilung im Unternehmen. 2. Aufl., Carl Heymanns, Köln.

Jansen, S. A. (2001). Mergers und Acquisitions. Unternehmensakquisition und -kooperation – Eine strategische, organisatorische und kapitalmarkttheoretische Einführung. 4., überarbeitete und erweiterte Auflage. Gabler, Wiesbaden.

Jell, F. (2012). Patent filing strategies and patent management. An empirical study. Gabler, Wiesbaden.

Junghans, C und Levy, A. (2006). Intellectual property management: a guide for scientists, engineers, financiers, and managers. Wiley-VCH, Weinheim.

Klug, A. (2006). Die Werbung mit gewerblichen Schutzrechten und Urheberrechten - Eine Bestandsaufnahme. In: Thomas Tiefel (Hrsg.) (2006): Strategische Aktionsfelder des Patentmanagements. DUV, Wiesbaden, S. 133–177.

Knieß, M. (1995). Kreatives Arbeiten – Methoden und Übungen zur Kreativitätssteigerung. Verlag C. H. Beck, München.

Knight, J. H. (2013). Patent strategy for researchers and research managers, 3rd ed., John Wiley und Sons, Chichester.

Krabel, S. und Mueller, P. (2009). What drives scientists to start their own company? An empirical investigation of Max Planck Society scientists. Research Policy, Vol. 38(6), pp. 947–956.

Lynskey, M. J. (2009). Aligning strategy and intellectual property to maximise business value: a proposal for new technology-based firms. Int. J. Intellectual Property Management, Vol. 3, pp. 301–325.

Mazolleni, R. und Nelson, R. R. (1998). The benefits and costs of strong patent protection: a contribution to the current debate. Research policy, Vol. 27, pp. 273–284.

Mittelstaedt, A. (2009). Strategisches IP-Management – mehr als nur Patente. Geistiges Eigentum schützen und als Wettbewerbsvorsprung nutzen. Gabler Verlag, Wiesbaden.

Möhrle, M. G. und Kreusch, G. (2001). Patentportfolios als Hilfsmittel zur Steuerung unternehmerischer FuE-Aktivitäten – Ein kritischer Vergleich zwischen vier Ansätzen. In: Detlef Griesche, Helga Meyer und Florian Dörrenberg (Hrsg.) (2001): Innovative Managementaufgaben in der nationalen und internationalen Praxis: Anforderungen, Methoden, Lösungen, Transfer. Dt. Univ.-Verl, Kiel, S. 194–208.

Möhrle, M. G. und Walter, L. (Hrsg.) (2009). Patentierung von Geschäftsprozessen. Monitoring – Strategien – Schutz. Springer Verlag, Berlin, Heidelberg.

Möhrle, M. G.; Walter, L. und Wustmans, M. (2017). Designing the 7D patent management maturity model – A capability based approach. World Patent Information, Vol. 50, pp. 27–33.

Möhrle, M. G.; Walter, L.; Bergmann, I.; Bobe, S. und Skrzipale, S. (2010). Patinformatics as a Business Process: A Guideline through Patent Research Tasks and Tools. World Patent Information, Vol. 32, pp. 291–299.

Mohnkopf, H. (2008). Strategisches IP Management zum Schutz von Innovationen. In: Wilhelm Schmeisser et al. (Hrsg.) (2008): Innovationserfolgsrechnung. Innovationsmanagement und Schutzrechtsbewertung, Technologieportfolio, Target-Costing, Investitionskalküle und Bilanzierung von FuE-Aktivitäten. Springer, Berlin, Heidelberg, S. 223–288.

Molewski, K. (1986). Aufbau, Systematik und Anwendung der Internationalen Patentklassifikation (IPC). Carl Heymanns Verlag KG. München, Köln, Berlin, Bonn.

Neuburger, B. (2005). Die Bewertung von Patenten – Theorie, Praxis und der neue Conjoint-Analyse Ansatz. Cuvillier Verlag, Göttingen.

Offenburger, O. (2014). Patent und Patentrecherche: Praxisbuch für KMU, Start-ups und Erfinder. Springer Gabler, Wiesbaden.

Pienkos, J. T. (2004). The Patent Guidebook. American Bar Association, Chicago.

Posluschny, P. (2010). Basiswissen Mittelstandscontrolling, Oldenbourg, München.

Postinett, A.; Keuchel, J. und Steuer, H. (2010). Innovationen – Ein Tag für eigene Ideen. Handelblatt online. Siehe unter http://www.handelsblatt.com/unternehmen/management/innovationenein-tag-fuer-eigene-ideen/3751634.html, Abruf 12.07.2017.

Pressmann, D. und Tuytschaevers, T. J. (2014). Patent It Yourself: Your Step-by-Step Guide to Filing at the U.S. Patent Office, Berkeley, Kalifornien, NOLO.

Reitzig, M. (2002). Die Bewertung von Patentrechten – eine theoretische und empirische Analyse aus Unternehmenssicht. DUV Verlag, Wiesbaden.

Reitzig, M. (2003). What determines patent value? Insights from the semiconductor industry. Research Policy, Vol. 32, pp. 13–26.

Reitzig, M. (2004). Improving Patent Valuations for Management Purposes – Validating New Indicators by Analyzing Application Rationales. Research Policy, Vol. 33, pp. 939–957.

Sas, B.; De Vocht, S. und Jacobs, P. (2014). Intellectual Property and Assessing its Financial Value. Elsevier, Kindlington, UK.

Schellner, I. (2002). Japanese File Index Classification and F-terms. World Patent Information, Vol. 24, pp. 197–201.

Schilling, K. (2014). Forschen - Patentieren - Verwerten: Ein Praxisbuch für Naturwissenschaftler mit Schwerpunkt Life Sciences. Springer-Spektrum, Berlin und Heidelberg.

Schwingenschlögl, T. und Gotwald A. (2008). Wirtschaftliche Bewertungsmethoden für Patente – Patentbewertung für die Praxis. Linde Verlag, Wien.

Smith, M. und Hansen, F. (2002). Managing intellectual property: a strategic point of view. J. Intellect. Capital, Vol. 3, pp. 366–374.

Somaya, D. (2012). Patent strategy and management an integrative review and research agenda. Journal of Management, Vol. 38 (4), pp. 1084–1114.

Sommerlatte, T; Beyer, G. und Seidel, G. (Hrsg.) (2006). Innovationskultur und Ideenmanagement – Strategien und praktische Ansätze für mehr Wachstum. Symposion, Düsseldorf.

Sternitzke, C. (2008). Betriebswirtschaftliche Patentportfoliobewertung: Eine informationswissenschaftliche Perspektive. Dissertation an der Universität Bremen, Bremen.

Suzuki, J. (2011). Structural modeling of the value of patent. Research policy, Vol. 40, pp. 986–1000.

Tiefel, T. und Dirschka, F. (2007). FuE-, Innovations- und Patentmanagement – Eine Schnittstellenbestimmung. In: Thomas Tiefel (Hrsg.) (2007): Gewerbliche Schutzrechte im Innovationsprozess. DUV, Wiesbaden, S. 1–23.

Tiefel, T. und Haas, P. (2005). Patentbasierte Strategien zum Einsatz im Hyperwettbewerb. In: Thomas Tiefel (Hrsg.) (2005): Patent- und Schutzrechtsmanagement in Zeiten des Hyperwettbewerbs. DUV, Wiesbaden, S. 33–69.

Tiefel, T. und Schuster, R. (2006). Ansätze der Patentportfolio-Analyse – Eine vergleichende Übersicht aus der Perspektive des strategischen Technologie und Innovationsmanagements. In: Thomas Tiefel (Hrsg.) (2006): Strategische Aktionsfelder des Patentmanagements. DUV, Wiesbaden, S. 21–54.

Trippe, A. J. (2003). Patinformatics – Tasks to Tools. World Patent Information, Vol. 25, pp. 211–221.

Veldhuijzen van Zanten, J. F. J. und Wits, W. W. (2015). Patent circumvention strategy using TRIZ-based design-around approaches. Procedia Engineering Vol. 131, pp. 798–806.

Vitt, J. (1998). Schlüsselerfinder in der industriellen Forschung und Entwicklung: Strategien für das Akquisitionsmanagement in Unternehmen. Betriebswirtschaftslehre für Technologie und Innovation: Bd. 27, DUV Wirtschaftswissenschaft, Wiesbaden.

Wagner, M. H. und Thieler, W. (2007). Wegweiser für den Erfinder: Von der Aufgabe über die Idee zum Patent. 3., erweiterte und aktualisierte Auflage. VDI-Buch. Springer, Berlin, Heidelberg, New York.

Walter, L. und Schnittker, F. C. (2016). Patentmanagement – Recherche, Analyse, Strategie. De Gruyter Oldenbourg, Berlin, Boston.

Walter, L.; Wustmans, M. und Möhrle, M. G. (2017). Reifegradmodell für ein effektives Patentmanagement. In: PATINFO 2017 Europäische Schutzrechtssysteme im Wandel. Proceedings des 39. Kolloquiums der TU Ilmenau über Patentinformation, Ilmenau: 31. Mai bis 02. Juni 2017, Christoph Hoock, Sabine Milde (Hrsg.). Ilmenau: TU Ilmenau, 386 S., S. 129–142.

Weber, G.; Hedemann, G. A. und Cohausz, H. B. (2007). Patentstrategien. Carl Heymanns Verlag, Köln et al..

Wege, P. (2013). Technologieschutz – rechtliche und strategische Erwägungen. In: Jürgen Ensthaler und Patrick Wege (Hrsg.) (2013): Management geistigen Eigentums. Die unternehmerische Gestaltung des Technologieverwertungsrechts. Springer, Berlin, Heidelberg. S. 137–174.

Wege, P.; Müller, S. und Kempel, L. (2013). IP-Compliance. In: Jürgen Ensthaler und Patrick Wege (Hrsg.) (2013): Management geistigen Eigentums. Die unternehmerische Gestaltung des Technologieverwertungsrechts. Springer, Berlin, Heidelberg. S. 239–316.

Wurzer, A. J. und Reinhardt, D. F. (2006). Bewertung technischer Schutzrechte – Praxis der Patentbewertung. Carl Heymanns, München.

Wustmans, M. und Möhrle, M. G. (2017). Von der Evaluation zur Gestaltung betrieblicher Patent Intelligence – Eine Handreichung auf Grundlage eines fähigkeitsbasierten Reifegradmodells. In: Jürgen Gausemeier (Hrsg.) (2017): Vorausschau und Technologieplanung, 13. Symposium für Vorausschau und Technologieplanung, Band 374, 23. und 24. November 2017, Berlin, S. 147–162.

Zwicky, F. (1966). Entdecken, Erfinden, Forschen im morphologischen Weltbild. Droemer und Knaur, München und Zürich.

5 Gestaltung des betrieblichen Patentmanagements mit dem 7D Reifegradmodell

Das 7D Reifegradmodell für das Patentmanagement bietet eine ganzheitliche Betrachtung des Patentmanagements von Unternehmen, und es zeigt auf, wie die vielfältigen Aufgaben im Umgang mit Patenten durch sieben Dimensionen mit jeweils mehreren Elementen abgedeckt werden können.[10] Die in Reifestufen beschriebenen Elemente repräsentieren dabei Fähigkeiten im Patentmanagement und können zur Bestimmung der Reife eines Unternehmens im Hinblick auf das Patentmanagement verwendet werden. Insofern erlaubt das 7D Reifegradmodell neben der Unterstützung beim Aufbau des Patentmanagements auch eine kontinuierliche Verbesserung und Überprüfung des betrieblichen Patentmanagements.

In vielen Unternehmen wird das Patentmanagement unter sehr unterschiedlichen Bedingungen durchgeführt, sei es aufgrund verschiedener Branchen, in denen Patente unterschiedliche Rollen spielen können, oder sei es aufgrund der Unternehmensgröße und daraus resultierender unterschiedlicher Organisationsstrukturen, die auf verschiedenen Ebenen agieren (Burr et al. 2007, Ernst 1996, Gassmann und Bader 2017, Granstrand 1999, Huch 2001, Junghans und Levy 2006, Mittelstaedt 2009, Möhrle et al. 2017, Tiefel und Dirschka 2007 sowie Walter und Schnittker 2016). Da das fähigkeitsorientierte 7D Reifegradmodell eine Unterstützung bei der Etablierung des Patentmanagements im Unternehmen bietet, stellt sich die Frage, wie das Modell aus den genannten Gründen in den Unternehmen konkret angewendet werden kann. Für diesen Zweck wird eine Vorgehensweise in fünf aufeinanderfolgenden Schritten vorgeschlagen, die eine Gestaltung des betrieblichen Patentmanagements erlaubt.

---

[10] Im Folgenden wird von Unternehmen gesprochen. Dabei sind auch Geschäftsbereiche und deren Teile unter diesem Begriff subsumiert. Das 7D Reifegradmodell für das Patentmanagement kann daher mehrfach, teilweise auch in unterschiedlicher Konfiguration, innerhalb des Unternehmens angewendet werden.

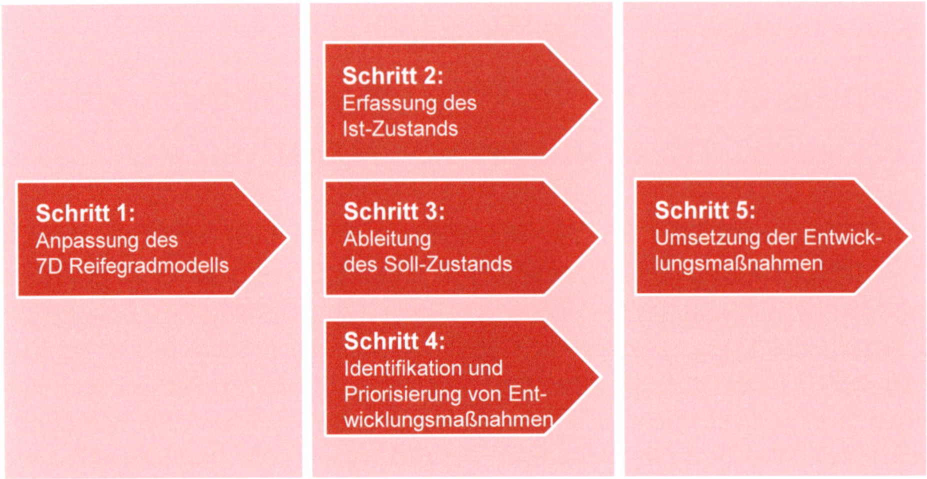

Abb. 5-1: Vorgehensweise zur Anwendung des 7D Reifegradmodells für das Patentmanagement (Quelle: Eigene Darstellung in Anlehnung an Möhrle et al. 2017 und Walter et al. 2017).

Abbildung 5-1 visualisiert diese Vorgehensweise zur Anwendung des 7D Reifegradmodells für das Patentmanagement in einem Unternehmen. Nach einem vorbereitendem Schritt 1 (Anpassung des 7D Reifegradmodells) folgen drei weitgehend parallel zu bearbeitende Schritte 2 bis 4 (Erfassung des Ist-Zustands, Ableitung des Soll-Zustands, Identifikation und Priorisierung von Entwicklungsmaßnahmen), die von einem finalen Schritt 5 (Umsetzung der Entwicklungsmaßnahmen) abgeschlossen werden.

(i) Schritt 1: Anpassung des 7D Reifegradmodells

Da die Durchführung des Patentmanagements in Unternehmen, beispielsweise aufgrund länderspezifischer patentrechtrechtlicher Rahmenbedingungen oder kongruenter Patentgerichtsbarkeiten, unter zum Teil sehr unterschiedlichen Bedingungen durchgeführt wird, ist bei der Anwendung des Modells im ersten Schritt eine kritische Auseinandersetzung mit dem Reifegradmodell bezüglich der Beschreibung der Reifestufen sowie der Vollständigkeit der Elemente notwendig.

(ii) **Schritt 2:**

Erfassung des Ist-Zustands

Nach der Anpassung des Reifegradmodells auf die spezifische Unternehmensumgebung erfolgt im zweiten Schritt die Erfassung des Ist-Zustands anhand der Reifestufen der einzelnen Elemente.

(iii) **Schritt 3:**

Ableitung des Soll-Zustands

Im dritten Schritt wird für jedes betrachtete Element der Soll-Zustand herausgearbeitet, um eventuelle Diskrepanzen aufzuspüren und unterschiedliche Wünsche offenzulegen. Dabei wird eine grobe Einschätzung des Verhältnisses zwischen dem Input, der für eine Veränderung notwendig ist, und dem Output, den diese Veränderung bewirkt, vorgenommen.

(iv) **Schritt 4:**

Priorisierung von Entwicklungsmaßnahmen

Im vierten Schritt können dann Maßnahmen zur Entwicklung der Fähigkeiten pro Element abgeleitet werden. Diese werden wiederum im Anschluss elementübergreifend priorisiert. Das Verhältnis zwischen Input und Output wird nunmehr für jedes Element, bei dem eine Veränderung geplant ist, präzisiert.

(v) **Schritt 5:**

Umsetzung der Entwicklungsmaßnahmen

Im fünften Schritt erfolgt abschließend die Umsetzung der priorisierten Entwicklungsmaßnahmen.

Nach Durchführung dieser fünf Schritte kann – bei Erfordernis – das Reifegradmodell erneut angewendet werden. Auf diese Weise können die umgesetzten Maßnahmen überprüft, Kommunikation und Transparenz geschaffen sowie ein kontinuierlicher Verbesserungsprozess implementiert werden.

In diesem Kapitel 5 wird dargelegt, wie eine solche, in fünf Schritten zu durchlaufende Gestaltung des betrieblichen Patentmanagements generell erfolgen kann. Außerdem wird gezeigt, wie eine solche Anwendung konkret –

in einem (fiktiven) Beispielunternehmen – umgesetzt wird. Dieses Beispielunternehmen hat dabei seinen Sitz in Deutschland und sieht seine Kerngeschäftsfelder vorwiegend im europäischen Marktumfeld. Patente spielen für das Unternehmen eine wichtige Rolle, da es in einer technologieorientierten Branche mit einem ausgeprägten Wettbewerbsumfeld aktiv ist. Es handelt sich um ein mittelständisches Unternehmen, das eigene Entwicklungen hervorbringt und zudem über hinreichende Ressourcen für die verschiedenen Aufgaben und Tätigkeiten des Patentmanagements verfügt.

Dementsprechend geht es in Abschnitt 5.1 um den ersten Schritt der Anpassung des 7D Reifegradmodells an die jeweilige Unternehmensumgebung. In Abschnitt 5.2 wird der zweite Schritt der Erfassung des Ist-Zustands und im Abschnitt 5.3 der dritte Schritt, die Ableitung des Soll-Zustands, im Detail erörtert. Die Abschnitte 5.4 und 5.5 widmen sich dem vierten und fünften Schritt der Anwendung des 7D-Reifegradmodells im Patentmanagement, nämlich der Identifikation und Priorisierung von Entwicklungsmaßnahmen respektive der Umsetzung derselben.

5.1 Anpassung des 7D Reifegradmodells

Im ersten Schritt erfolgt die Anpassung des 7D Reifegradmodells auf die spezifische Unternehmensumgebung. Das vorgestellte 7D Reifegradmodell für das Patentmanagement besteht aus sieben Dimensionen mit insgesamt 26 Elementen, die Fähigkeiten im Patentmanagement in Reifestufen abbilden. Die auf einer Morphologie basierenden Reifestufen sind dabei als ein Vorschlag zu verstehen, welcher auf die eingangs genannte Zielgruppe ausgerichtet ist. Darüber hinaus sind die Elemente in ihrem aktuellen Zustand auf eine eher abstrakte Weise beschrieben, sodass möglichst viele Unternehmen von der Beschreibung profitieren und sich in den Elementen wiederfinden können. Demzufolge bedarf es hier einer kritischen Auseinandersetzung seitens des anwendenden Unternehmens. Möchte nämlich eine Zielgruppe noch weitere – hier nicht thematisierte – Elemente berücksichtigen oder eine Fokussierung auf bestimmte, bestehende Elemente des Reifegradmodells anstreben, dann muss das Modell entsprechend angepasst werden.

Um die abstrakt beschriebenen Elemente auf die unternehmensspezifische Umgebung zu übertragen, werden im ersten Schritt der Anwendung zunächst die Dimensionen und Elemente ausgewählt, die für das anwendende Unternehmen relevant erscheinen. Die Entscheidung, welche Dimensionen und Elemente für das Unternehmen relevant sind, ist in der Regel eine Entscheidung des Managements. Dabei kann eine Entscheidung dahingehend erfolgen, dass bestimmte Dimension und Elemente für das Unternehmen keine aktuelle und auch keine zukünftige Relevanz aufzeigen, oder aber es wird entschieden, in welchem Bereich des 7D Reifegradmodells eine Weiterentwicklung bevorzugt wird. Grund für eine solche Entscheidung ist entweder, dass in bestimmten Dimensionen des Reifegradmodells Schwächen vermutet werden, oder dass Fähigkeiten in bestimmten anderen Dimensionen bereits ausreichend entwickelt erscheinen.

Sind die Dimensionen und die Elemente ausgewählt, auf die in den nächsten Schritten der Anwendung des 7D Reifegradmodells fokussiert werden soll, werden die ausgewählten Elemente und die Beschreibung der Reifestufen ausführlich hinterfragt. Dies ist erforderlich, da das vorgeschlagene 7D Reifegradmodell im Patentmanagement nicht zwingend auf jede unternehmensspezifische Situation eines Unternehmens aufgrund länderspezifischer Vorgaben und Patentrechtslagen oder aufgrund verschiedener Branchencharakteristika genutzt werden kann. Es kann zudem nützlich sein, auf die zum Inhalt des 7D Reifegradmodells beschriebene Morphologie zurückzugreifen und elementspezifisch weitere Eigenschaften den Reifestufen hinzuzufügen.

Im Rahmen der Anpassung des Reifegradmodells ist darüber hinaus die Entscheidung zu treffen, welche Personen innerhalb (gegebenenfalls auch außerhalb) des Unternehmens an der Anwendung des Reifegradmodells teilnehmen sollen. Dabei kann des Weiteren entschieden werden, ob alle teilnehmenden Personen auch alle ausgewählten Elemente bewerten sollen, oder ob bestimmte Elemente einzelnen Personen zugeordnet werden.

Anwendung des Schrittes 1 im Beispielunternehmen

Das Management des Beispielunternehmens mit Sitz in Deutschland hat bereits strategisch entschieden, dass eine Vergabe von Lizenzen eigener Patente nicht in Frage kommt. Außerdem ist es innerhalb der Branche unüblich, dass Patente für Marketingzwecke oder zur Steigerung der Reputation des Unternehmens verwendet werden. Aus diesem Grund muss das Element Kommerzialisierung und Allianzen entsprechend angepasst und das Element Marketing und Reputation kann aus dem Reifegradmodell gestrichen werden.

Für die Anwendung und Erprobung des 7D Reifegradmodells entscheidet sich das Unternehmen ferner dazu, fürs Erste die Dimension Intelligence in den Fokus der Anwendung zu rücken, da sich das Management durch dessen Ausbau der diesbezüglichen Fähigkeiten den größten Nutzen erhofft und der Überzeugung ist, in den anderen Bereichen (Dimensionen) bereits gut aufgestellt zu sein.

Schließlich setzt sich das Unternehmen mit den fünf Elementen der Dimension Intelligence auseinander und beschließt alle Elemente, also Akquisition, Geschäftsfeldanalyse, Informationsnutzung, Stand-der-Technik-Analyse sowie Wertermittlung, bei der Anwendung zu berücksichtigen. Zusätzlich werden die Reifestufen der Elemente als gute, angemessene Basis angesehen, die in den nächsten Schritten anhand ausführlicherer Beschreibungen der Ist- und Soll-Reifestufen verwendet werden soll.

Als Verantwortliche für die Anwendung des Reifegradmodells sowie die Einordnung in die Reifestufen werden der Technologievorstand, der im Unternehmen für Patente verantwortliche Mitarbeiter aus der Forschung sowie drei Mitarbeiter aus der Entwicklung bestimmt. Zudem beschließt das Unternehmen, zur Anwendung und Umsetzung des 7D Reifegradmodells einen externen Dienstleister einzuschalten, welcher die Anwendung des Reifegradmodells im Unternehmen begleitet und insbesondere zur Durchführung der internen Mitarbeiterbefragungen und für die Moderation anstehender Workshops, beispielsweise zur Erfassung des Ist-Zustands, eingesetzt werden soll.

5.2 Erfassung des Ist-Zustands

Im zweiten Schritt der Anwendung des 7D Reifegradmodells im Patentmanagement wird der Ist-Zustand für alle zuvor ausgewählten Elemente erfasst. Die Erfassung des Ist-Zustands kann anhand der Reifestufen der

Elemente erfolgen, in dem die zuvor bestimmten Personen ihr Unternehmen einer Reifestufe zuordnen. Die Zuordnung kann dabei entweder individuell, gemeinsam oder in einer Kombination der beiden Möglichkeiten geschehen.

Eine individuelle Zuordnung ermöglicht die Aufdeckung von Diskrepanzen zwischen den verschiedenen Akteuren und Stakeholdern des Patentmanagements bzw. Unternehmens. Im Anschluss an eine individuelle Bewertung kann darüber hinaus in einer Diskussion die finale Zuordnung des Unternehmens zu einer Reifestufe für jedes Element bestimmt werden.

Eine weitere Möglichkeit zur Erfassung des Ist-Zustands stellt ein teilstrukturiertes Interview dar. Dazu wird ein Fragebogen entwickelt, der auf die ausgewählten Elemente ausgerichtet ist und von einer oder mehreren ausgewählten Personen oder externen Partnern, ausgewertet wird. Eine gemeinsame Zuordnung der Fähigkeiten des Unternehmens zu den jeweiligen Reifestufen der Elemente kann alternativ auch in einem Workshop erfolgen, in dem die Diskussion über die zum Unternehmen passende Reifestufe direkt erfolgen kann. Es ist nicht erforderlich, eine Übereinkunft aller teilnehmenden Personen zu erzwingen, da unterschiedliche Betrachtungsweisen zu einem längerfristigen Nachdenken bezüglich einzelner Elemente führen können.

Die aufgeführten Möglichkeiten können beliebig kombiniert werden, beispielsweise können zunächst Einzelbefragungen durchgeführt und anschließend die Ergebnisse in Form eines Workshops besprochen und diskutiert werden.

Anwendung des Schrittes 2 im Beispielunternehmen

Das Beispielunternehmen aus Deutschland hat sich im ersten Schritt für dic Fokussierung auf die Dimension Intelligence entschieden. Zur Erfassung der Ist-Situation werden durch den externen Dienstleister Einzelinterviews mit allen Beteiligten im Unternehmen geführt, um deren individuelle Einschätzungen zu erfragen. Nach Auswertung der Ergebnisse werden innerhalb eines Workshops die Ergebnisse besprochen, und es wird eine einheitliche Reifestufe als Ist-Zustand für jedes Element der Dimension Intelligence festgelegt. Zusätzlich werden für alle Elemente ausführliche Reifestufenbeschreibungen angefertigt, die spezifisch auf das Unternehmen passen und die nahelegen, warum sich das Beispielunternehmen auf der jeweiligen Reifestufe befindet.

Das Unternehmen hält das Element Informationsnutzung für besonders bedeutend, da dieses Element die Grundlage für die Betrachtung der weiteren Elemente aus der Dimension Intelligence bildet. Es werden somit als erstes die Beschreibung des Elements Informationsnutzung in Reifestufen vorgenommen und sodann die weiteren Elemente Akquisition, Geschäftsfeldanalyse, Stand-der-Technik-Analyse und Wertermittlung mit Reifestufen konkret beschrieben. Nachfolgend sind die Ergebnisse der Erfassung des Ist-Zustands aufgeführt.

(i) Informationsnutzung – Ist-Reifestufe 3

Im Unternehmen werden regelmäßig kommerzielle und öffentlich zugängliche Patentdatenbanken, wie DEPATISnet[11] des Deutschen Patent- und Markenamts (DPMA), aber auch PATSTAT[12] des Europäischen Patentamts (EPA), genutzt. Auf die Datenbanken hat jeder Mitarbeiter aus den technischen und leitenden Abteilungen Zugriff. Für die Recherche nach Patenten haben die Mitarbeiter für alle bekannten Wettbewerber sowie für ausgewählte Technologien umfassende Suchstrings erarbeitet und implementiert. Die durch die regelmäßigen Recherchen identifizierten Patente werden bezüglich der Relevanz für das Unternehmen vom Patentverantwortlichen, und in ausgewählten Fällen in Zusammenarbeit mit einem Entwickler, bewertet. Das Unternehmen stuft sich daher beim Element Informationsnutzung auf Reifestufe 3 ein.

(ii) Akquisition – Ist-Reifestufe 1

Im Unternehmen ist es in den letzten Jahren zweimal vorgekommen, dass die Entwickler des Unternehmens auf einer internationalen Fachmesse auf neu im Markt aufgetretene Zulieferer aufmerksam wurden. Bisher wurden diese Zulieferer hinsichtlich ihrer Patentaktivitäten noch nicht beobachtet. Da diese Zulieferer interessante Entwicklungen vorangebracht haben, werden darauf-

---

[11] Siehe unter https://depatisnet.dpma.de/DepatisNet/depatisnet?window=1undspace=menuundcontent=indexundaction=index, Abruf 18.02.2018.

[12] Siehe unter https://www.epo.org/searching-for-patents/business/patstat.html#tab-1, Abruf 18.02.2018.

hin auch deren Patente recherchiert, um Kooperationsmöglichkeiten auszuloten. Aufgrund der technologischen Kompetenzen eines der Zulieferer wird daraufhin eine Zusammenarbeit initiiert, die bis heute erfolgreich durchgeführt wird. Das Unternehmen bewertet daher das Element Akquisition mit der Reifestufe 1.

(iii) Geschäftsfeldanalyse – Ist-Reifestufe 3

Die in den Datenbanken implementierten Suchstrings sind hinsichtlich aller bekannten Wettbewerber sowie für ausgewählte Technologien entwickelt worden. Wird auf diese Weise ein zuvor als relevant bezeichnetes Patent oder eine Patentanmeldung identifiziert, entscheidet das Unternehmen strategisch, wie es gegen das Patent oder die Patentanmeldung vorgehen soll. Darüber hinaus werden im Unternehmen die recherchierten Patentinformationen genutzt, um die Aktivitäten der Wettbewerber innerhalb ausgewählter Technologiefelder zu analysieren und Handlungsempfehlungen für die eigene Strategie abzuleiten. Zur inhaltlichen Erschließung der Informationen wurde im letzten Jahr von einem kommerziellen Anbieter eine Patentanalysesoftware angeboten, die für eine akzeptable Jahresgebühr erworben (lizenziert) werden konnte. Derzeit wird diese Software vom Patentverantwortlichen und einem Entwickler im Unternehmen getestet. Die Fähigkeiten des Patentmanagements in Bezug auf das Element Geschäftsfeldanalyse werden demnach mit der Reifestufe 3 beurteilt.

(iv) Stand-der-Technik-Analyse – Ist-Reifestufe 2/3

Der Stand-der-Technik wird im Unternehmen in der Regel während der Patentanmeldung vom zuständigen Patentamt ermittelt. In einigen ausgewählten Fällen wird der Stand-der-Technik auch bereits im Vorfeld der Patentanmeldung vom Patentverantwortlichen des Unternehmens ermittelt, da frühzeitig entschieden werden soll, ob sich in diesen Fällen der Aufwand für eine Patentanmeldung überhaupt auszahlt. Die eigene Handlungsfreiheit hingegen wird in regelmäßigen Abständen bezüglich ausgewählter eigener Technologien überprüft. Neben den implementierten Suchstrings sowie der Bewertung der Befunde durch den Patentverantwortlichen werden in ausgewählten, kritischen Fällen oder in für das Unternehmen künftig relevanten Technologiefeldern auch externe Dienstleister oder Patentanwälte mit der Analyse der Handlungsfreiheit beauftragt. So konnten mittels Patentlandkarten schon sogenannte *White Spots* aufgespürt werden, die Potenziale für zukünftige Entwicklungen des Unternehmens aufgezeigt haben. Demnach wird das Element Stand-der-Technik-Analyse mit der Reifestufe 2/3 bewertet.

(v) Wertermittlung – Ist-Reifestufe 1

Im Unternehmen sind Bewertungsverfahren für Erfindungsmeldungen implementiert, die sich am Arbeitnehmererfindergesetz ausrichten. Diese Bewertungsverfahren folgen dabei festen Prozessen und Vorgaben, um eine Gleichbehandlung aller Erfinder und Entwickler im Unternehmen zu gewährleisten. Eigene und fremde Patente hingegen werden vom Unternehmen nicht monetär bewertet, da dies aktuell als schwierig und wenig aussagekräftig eingeschätzt wird. Für fremde Patente ist jedoch ein qualitatives Bewertungsverfahren implementiert, welches vom Patentverantwortlichen für alle über die Suchstrings recherchierten Patente ausgeführt wird. Das Unternehmen stellt seine Fähigkeiten zur Wertermittlung trotzdem auf die Reifestufe 1.

5.3 Ableitung des Soll-Zustands

Auch die Ableitung des Soll-Zustands kann anhand der Reifestufen der Elemente erfolgen. In Verbindung damit sollte zudem eine grobe Einschätzung des Verhältnisses zwischen dem Input, der für eine gewünschte Veränderung notwendig ist, und dem Output, den diese Veränderung bewirkt, vorgenommen werden. Auch der Sollzustand kann individualisiert, gemeinsam oder in einer Kombination der beiden Möglichkeiten abgeleitet werden.

In der individualisierten Form ordnen die jeweilig beauftragten Personen das Unternehmen einer Soll-Reifestufe zu. Hier können die Soll-Reifestufen individuell festgelegt werden, in dem jeder einzeln eine Bewertung vornimmt.

Ähnlich wie bei der Erfassung des Ist-Zustands können durch einen Vergleich der individuellen Einschätzungen Diskrepanzen aufgespürt und unterschiedliche Wünsche offengelegt werden. Im Anschluss an die individuelle Ableitung des Soll-Zustands wird jedoch empfohlen, eine gemeinsame Soll-Reifestufe für jedes Element zu definieren, da im nächsten Schritt, auf Basis dieser Soll-Reifestufe, entsprechende Maßnahmen abgeleitet werden.

Alternativ kann der Soll-Zustand für jedes Element gemeinsam über die Durchführung von teilstrukturierten Interviews abgeleitet werden. Ein Interviewer kann beispielswiese die vom Befragten gewünschte Situation erheben. Ein anschließender Abgleich der Ergebnisse und die Diskussion in einer gemeinsamen Runde geben Eindrücke über unterschiedliche Sichtweisen und führen zur Vermeidung von Missverständnissen. Auch hier können die aufgeführten Möglichkeiten beliebig kombiniert werden.

Anwendung des Schrittes 3 im Beispielunternehmen

Das Beispielunternehmen aus Deutschland hat den Ist-Zustand auf Basis von Interviews mit jedem zuvor bestimmten Mitarbeiter erfasst und in einem anschließenden gemeinsamen Workshop einen abgestimmten Ist-Zustand für das Unternehmen bezüglich der Elemente der Dimension Intelligence festgelegt. Wie bei der Erfassung des Ist-Zustands wird auch der Soll-Zustand in Zusammenarbeit mit einem externen Dienstleister abgeleitet. Hierfür werden vom Dienstleister während der Interviews auch Fragen zu einer möglichen, zukünftigen Situation und möglichen Maßnahmen gestellt, so dass sich bereits verschiedene Vorstellungen und Wünsche zur in Zukunft angestrebten Situation offenbaren. Nach Auswertung der Interviews werden in einem weiteren Workshop die Ergebnisse diskutiert und eine gemeinsame Soll-Reifestufe für jedes Element der Dimension Intelligence festgelegt. Als Ergebnis zeigt sich:

(i) Informationsnutzung – Soll-Reifestufe 4

Im Unternehmen soll in Zukunft verstärkt die getestete Patentanalysesoftware neben den bisher zur Recherche genutzten Datenbanken ergänzend eingesetzt werden. Diese Entscheidung wird getroffen, da sich die Analysesoftware nach Anpassung auf die für das Unternehmen relevanten Technologiefeldern in einem Pilot-Projekt als nützlich erwiesen hat. Auf diese Weise sollen in regelmäßigen Abständen Patente inhaltlich erschlossen werden und die Analyseergebnisse, beispielsweise in Form von Patentlandkarten, Term-Dokument-Matrizen (TDM) oder Fahrspurdiagrammen verstärkt zur Beantwortung spezifischer, strategischer Fragestellungen herangezogen werden (vgl. Walter und Schnittker 2017). Damit soll das Unternehmen in die Lage versetzt werden, bereits frühzeitig Signale von Wettbewerbern oder innerhalb eines Technologiefeldes zu erkennen. Der Soll-Zustand wird seitens des Unternehmens mit der Reifestufe 4 bewertet.

(ii) Akquisition – Soll-Reifestufe 2/3

Aufgrund positiver Erfolge aus der Vergangenheit sollen in Zukunft verstärkt Patentinformationen zur Identifikation potenzieller Zulieferer, aber auch von Kunden, herangezogen werden. Darüber hinaus kann sich das Unternehmen vorstellen, dass die recherchierten und nunmehr auch analysierten Patentinformationen für die Identifikation potenzieller Unternehmensbeteiligungen sinnvoll nutzbar gemacht werden können. Die Einstufung des Soll-Zustands für das Element Akquisition erfolgt daher in Reifestufe 2/3.

(iii) Geschäftsfeldanalyse – Soll-Reifestufe 4

Durch die regelmäßige Verwendung der neuen Analysesoftware ist es in Zukunft möglich, ausgewählte Wettbewerber und Technologiefelder genauer untersuchen zu können. Die über Patentinformationen gewonnenen Erkenntnisse werden genutzt, um Handlungsempfehlungen für das strategische Management zu entwickeln und die eigene Patentstrategie weiter zu verbessern. Dem Element Geschäftsfeldanalyse wird für den Soll-Zustand daher die Reifestufe 4 bescheinigt.

(iv) Stand-der-Technik-Analyse – Soll-Reifestufe 2/3

Das Unternehmen ist mit der aktuellen Situation zufrieden und strebt demnach keine Erhöhung der Reifestufe an. Auch in Zukunft soll der Stand-der-Technik in der Regel während der Patentanmeldung erhoben werden, auch wenn vermehrt der Patentverantwortliche – mit Unterstützung aus der Entwicklung –

und nicht das zuständige Patentamt die Erhebung durchführen soll. Die Reifestufe 2/3 für das Element Stand-der-Technik-Analyse ist somit auch für den Soll-Zustand gegeben.

(v) **Wertermittlung – Soll-Reifestufe 2**

Bei bestimmten, von Wettbewerbern oder Fremdfirmen patentierten Erfindungen gibt es kaum Möglichkeiten einer Umgehungslösung. Außerdem erscheint eine Umgehungslösung nicht immer wirtschaftlich. Um in Zukunft besser abschätzen zu können, ob eine Umgehungslösung angestrebt, oder ein Patent lizenziert oder gar gekauft werden soll, beschließt das Unternehmen in Zukunft ausgewählte fremde Patente sowohl qualitativ als auch monetär zu bewerten. Das Unternehmen strebt demnach beim Element Wertermittlung die Soll-Reifestufe 2 an.

5.4 Identifikation und Priorisierung von Entwicklungsmaßnahmen

Im vierten Schritt der Anwendung des 7D Reifegradmodells erfolgt die Identifikation und Priorisierung von Entwicklungsmaßnahmen, mit deren Hilfe die zuvor festgelegten Soll-Reifestufen erreicht werden können. Dazu erfolgt zunächst die Identifikation von Entwicklungsmaßnahmen für jedes einzelne Element der sieben Dimensionen des Reifegradmodells, bei dem im vorangegangenen Schritt der Ableitung des Soll-Zustands eine Weiterentwicklung angestrebt wird. Die grobe Einschätzung des Verhältnisses zwischen dem Input, der für die Veränderung erforderlich ist, und dem Output, den diese Veränderung bewirkt, kann nun anhand der konkreten Maßnahmen weiter verfeinert werden.

Zur Identifikation von Entwicklungsmaßnahmen stehen drei Möglichkeiten offen, wie in Abbildung 5-2 dargestellt. Prinzipiell bieten zunächst die Beschreibungen der Reifestufen der einzelnen Elemente des 7D Reifegradmodells die Möglichkeit zur Ableitung von Maßnahmen. Dort ist die in Zukunft angestrebte Situation erfasst, die in der Regel neben der abstrakt beschriebenen Reifestufe auch als konkret beschriebene und auf das

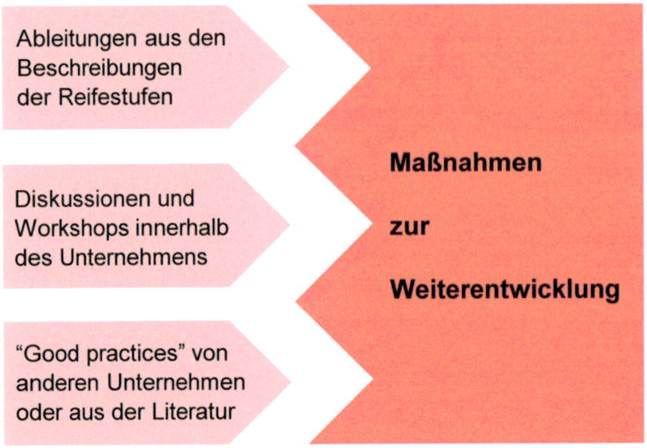

Abb. 5-2: Möglichkeiten zur Identifikation von Entwicklungsmaßnahmen (Quelle: Eigene Darstellung in Anlehnung an Möhrle et al. 2017 und Walter et al. 2017).

Unternehmen abgestimmte Reifestufe vorliegt. Eine weitere Möglichkeit zur Ableitung von Maßnahmen ist die Durchführung von Workshops innerhalb des Unternehmens. Hierbei können die Teilnehmer gemeinsam Entwicklungsmaßnahmen herausarbeiten und diskutieren. Als dritte Möglichkeit können sogenannte *Good Practices* aus anderen Unternehmen oder entsprechende Fachliteratur herangezogen werden. Diese Gute-Praxis-Beispiele aus anderen Unternehmen können etwa über Messen, Konferenzen oder Fachtagungen in Erfahrung gebracht werden. Darüber hinaus ist auch ein Austausch mit Partnern in Form von regelmäßigen Treffen oder in Form eines Netzwerkes denkbar (Khan 2016).

Sind die Maßnahmen für die Weiterentwicklung der einzelnen Elemente identifiziert und bewertet, erfolgt eine Priorisierung der Maßnahmen, die entweder durch das Management oder durch die Workshopteilnehmer vorgenommen wird. Mit Hilfe eines Implementierungsplans können die priorisierten Maßnahmen daraufhin zeitlich geplant werden. Darüber hinaus bietet der Implementierungsplan auf Basis der verwendeten Ressourcen die Möglichkeit, im Vorfeld der Implementierung der Maßnahmen den Gesamtaufwand sowie den Gesamtnutzen der Maßnahmen abzuschätzen. Beispielhaft zeigt Abbildung 5-3 einen Implementierungsplan für drei Weiterentwicklungsmaßnahmen A, B und C für die fünf Elemente der Dimension Intelligence. Dabei werden

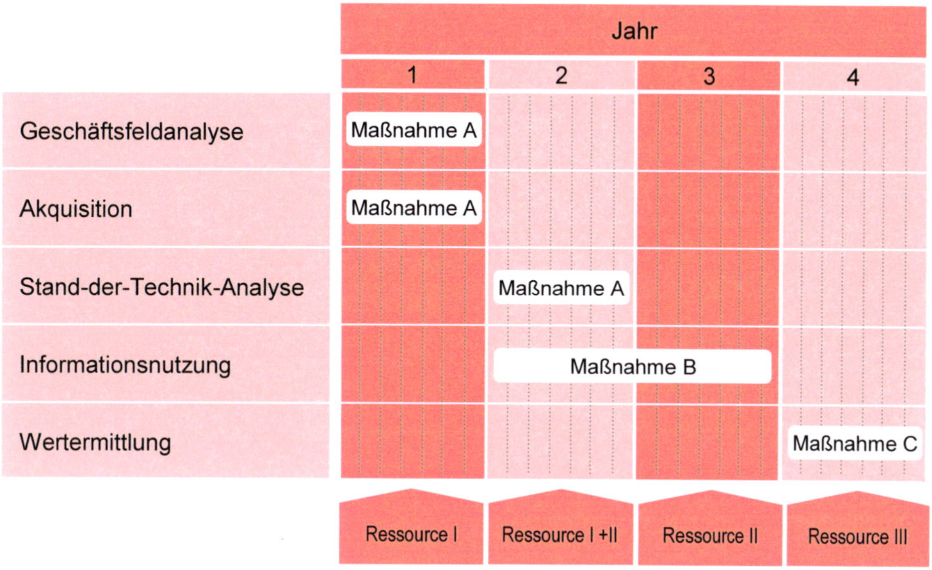

Abb. 5-3: Implementierungsplan für Weiterentwicklungsmaßnahmen der fünf Elemente der Dimension Intelligence (Quelle: Eigene Darstellung).

die einzelnen Elemente untereinander aufgeführt und über die Zeit die erforderlichen Maßnahmen eingetragen. Die zeitliche Abstufung kann je nach Unternehmen dabei zwischen Monaten oder Jahren variieren; im Beispiel sind hier die kommenden vier Jahre – nach Festlegung des Plans – berücksichtigt. Zusätzlich werden die für die jeweiligen Maßnahmen notwendigen Ressourcen, in diesem Falle Ressource I, II und III, in den Implementierungsplan eingetragen, um den Gesamtaufwand für die Weiterentwicklung der Elemente innerhalb einer Dimension auch abschätzen zu können.

Ist für jedes Element, welches im Unternehmen als relevant angesehenen wird, ein Implementierungsplan erstellt, können diese in einen gesamten Implementierungsplan für die erforderlichen Weiterentwicklungsmaßnahmen zusammengeführt werden. Abbildung 5-4 zeigt die Überführung des Implementierungsplans für die herausgearbeiteten Maßnahmen der Elemente für die Dimension Intelligence und macht sichtbar, wie dieser Plan auch noch durch andere Maßnahmen für die restlichen Elemente ergänzt werden kann, indem diese zusammengefasst und der entsprechenden Dimension zugeordnet

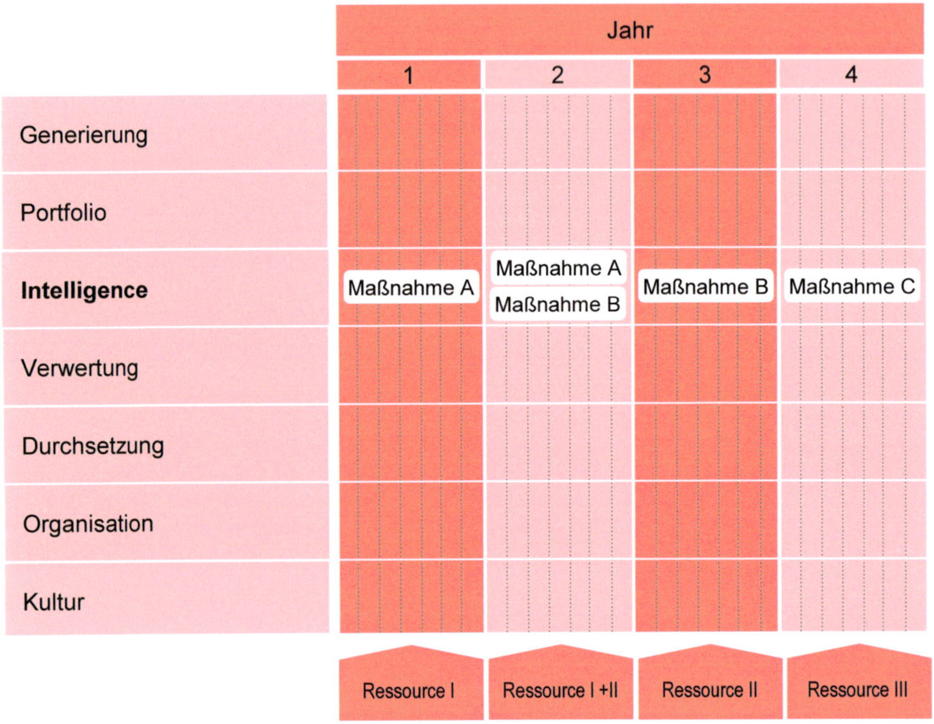

Abb. 5-4: Vollständiger Implementierungsplan für Weiterentwicklungsmaßnahmen der sieben Dimensionen (Quelle: Eigene Darstellung).

werden. Auf diese Weise können durch den vollständigen Implementierungsplan überlappende Maßnahmen identifiziert und daraufhin – auf Wunsch – die Priorisierung der Maßnahmen erneut seitens des anwendenden Unternehmens angepasst werden.

Anwendung des Schrittes 4 im Beispielunternehmen

Das Beispielunternehmen aus Deutschland hat sowohl die Ist-Situation erfasst als auch den Soll-Zustand für die Elemente der Dimension Intelligence abgeleitet. Es hat sich gezeigt, dass das Unternehmen bei vier von fünf Elementen höhere Reifestufen anstrebt. Zu diesen Elementen zählen die Informationsnutzung, die Akquisition, die Geschäftsfeldanalyse sowie die Wertermittlung. Im Element Stand-der-Technik-Analyse wird keine höhere Reifestufe angestrebt, da sich das Unternehmen in diesem Bereich gut

Tab. 5-1: Ergebnis der Reifestufen des Ist- und Soll-Zustands des Beispielunternehmens für die Elemente der Dimension Intelligence (Quelle: Eigene Darstellung).

Elemente	Einstufung Ist-Zustand	Einstufung Soll-Zustand
Akquisition	1	2/3
Geschäftsfeldanalyse	3	4
Informationsnutzung	3	4
Stand-der Technik-Analyse	2/3	2/3
Wertermittlung	1	2

aufgestellt sieht und aus Sicht des Unternehmens eine Erhöhung der Reifestufe für das Unternehmen keinen zusätzlichen Nutzen bringen würde. Bei allen Elementen der Dimension Intelligence stand auch zu keiner Zeit eine Abstufung ihrer Reife zur Diskussion. Tabelle 5-1 fasst die im Unternehmen erarbeiteten Reifestufen für die Ist-Situation und den Soll-Zustand der Elemente der Dimension Intelligence zusammen.

Zur Identifikation von Entwicklungsmaßnahmen wurden durch den externen Dienstleister bereits aus den Interviews mit den Mitarbeitern erste Ideen abgeleitet. Diese Ideen wurden im gleichen Workshop wie zur abschließenden Definition des Soll-Zustandes aufgegriffen, um mit allen Teilnehmern des Workshops konkrete Maßnahmen für die einzelnen Elemente zu definieren. Es haben sich für das erste Quartal des folgenden Jahres sechs konkrete Maßnahmen, die im Folgenden mit *Alpha* bis *Zeta* bezeichnet werden, ergeben. Sie werden priorisiert und entsprechend den jeweiligen Elementen zugeordnet, wie es Abbildung 5-5 zeigt. Für die Durchführung der Maßnahmen plant das Unternehmen neben ausgewählten Mitarbeitern aus der Entwicklung auch den Patentverantwortlichen einzusetzen, denen auch entsprechende Arbeitszeit im kommenden Quartal zur Verfügung gestellt werden soll. Des Weiteren soll diesen Mitarbeitern die zum Kauf vorgesehene Patentanalysesoftware ab dem kommenden Jahr zur Verfügung stehen.

Als Maßnahme zur Erreichung der höheren Reifestufe für das Element Informationsnutzung werden mit der Maßnahme *Alpha* die Beschaffung und Implementierung der nach erfolgreicher Test- und Pilotphase geprüften

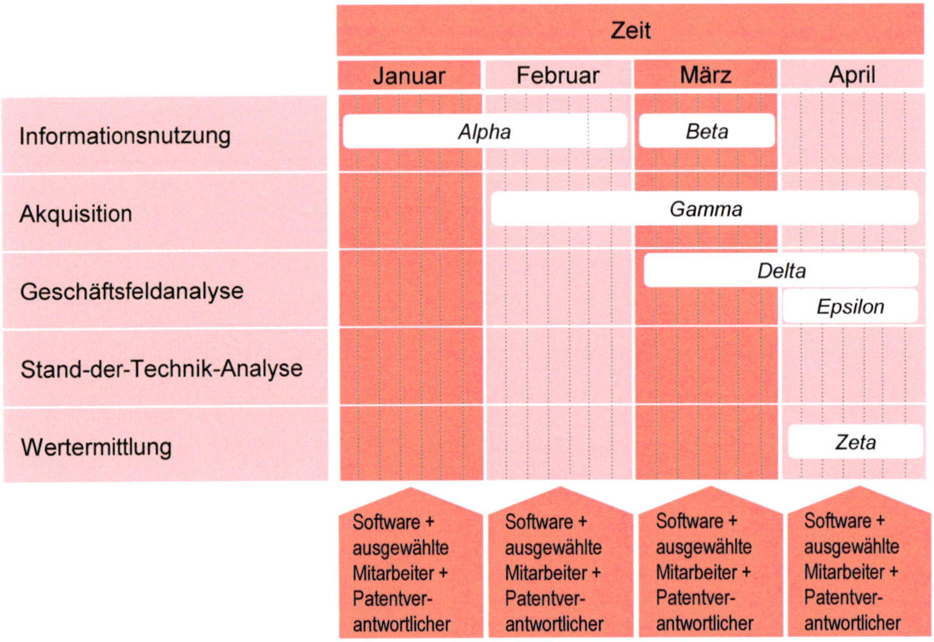

Abb. 5-5: Implementierungsplan des Beispielunternehmens mit sechs Maßnahmen der Elemente der Dimension Intelligence (Quelle: Eigene Darstellung).

kommerziellen Patentanalysesoftware festgelegt. Mit der Maßnahme *Beta* werden die Schulung der Mitarbeiter im Umgang mit der Software und der semantischen Patentanalyse zur Unterstützung des strategischen Managements genannt. Beide Maßnahmen sollen in den Monaten Januar bis März umgesetzt werden. Die Software soll zusätzlich die weiteren Maßnahmen *Gamma* bis *Epsilon* zur Analyse von metadaten- und textbasierten Patentinformationen und zur Bereitstellung von zusätzlichem Wissen für das strategische Management unterstützen. Damit die Mitarbeiter diese Leistungen erfüllen können, sollen diese insgesamt zwei Schulungen erhalten, eine im Bereich der semantischen Patentanalyse (Maßnahme *Beta*) und eine zur Nutzung von Patentindikatoren (Maßnahme *Zeta*).

Im Februar bis April soll die Maßnahme *Gamma* zur Erreichung der höheren Reifestufe für das Element Akquisition verwirklicht werden. Hierfür sollen durch intensive Nutzung von Patentinformationen potenzielle Kunden innerhalb eines für das Unternehmen bedeutenden Technologiefeldes identifiziert werden.

Als Maßnahme zur Erreichung der höheren Reifestufe für das Element Geschäftsfeldanalyse werden die zwei Maßnahmen *Delta* und *Epsilon* herausgearbeitet, die im Monat März und April angegangen werden sollen. Bei der Maßnahme *Delta* geht es um die Ausweitung der Patentanalysen mit strategischem Fokus auf indirekte Wettbewerber sowie bei der Maßnahme *Epsilon* um die Nutzung von Patentinformationen für die Technologievorausschau und die Technologieplanung.

Für das Element Stand-der-Technik-Analyse sind keine speziellen Maßnahmen geplant, da das Unternehmen in diesem Falle mit seiner Reife zufrieden ist und keine höhere oder niedrigere Reifestufe anstrebt. Die Recherchen und Analysen zum Stand-der-Technik sollen wie bisher durchgeführt werden.

Als Maßnahme *Zeta* zur Erreichung der höheren Reifestufe für das Element Wertermittlung wird die Schulung von Mitarbeitern im Bereich der Patentindikatoren zur qualitativen und monetären Bewertung von eigenen und fremden Patenten genannt. Diese Maßnahme ist für den Monat April vorgesehen.

5.5 Umsetzung der Entwicklungsmaßnahmen

Im fünften Schritt werden die identifizierten und priorisierten Entwicklungsmaßnahmen umgesetzt. Für jede Maßnahme kann dazu ein zu bestimmender Verantwortlicher aus dem Unternehmen angewiesen werden, der die Umsetzung der Entwicklungsmaßnahmen vorantreibt und das Projektmanagement übernimmt. Alternativ können Mitarbeiter oder eine Gruppe von Mitarbeitern mit der Überwachung der Umsetzung aller Maßnahmen betraut werden. Bei der Umsetzung der Maßnahmen ist es durchaus wichtig, die einzelnen Schritte auch im Unternehmen, bzw. an die betreffenden Mitarbeiter zu kommunizieren und diese frühzeitig in die Planungsschritte mit einzubeziehen. Auf diese Weise können entsprechende Wünsche berücksichtigt werden und eine Akzeptanz für die (mögliche) Veränderung der Arbeitsumgebung geschaffen werden.

Die priorisierten Entwicklungsmaßnahmen können entlang des Implementierungsplans abgearbeitet werden, der gleichzeitig auch als Kommunikationsinstrument dienen kann. Zusätzlich kann entlang des Plans auch eine Dokumentation über den Stand der Umsetzung erfolgen, indem beispielsweise neben der jeweiligen Maßnahme eine Statusleiste oder eine Prozentzahl angegeben wird. Dies unterstützt die Überwachung der Umsetzung und dient gleichzeitig als Kommunikationsinstrument zum Management (oder relevanten Stakeholdern), welches auf diese Weise in regelmäßigen Abständen über den Status informiert werden kann.

Sind die Entwicklungsmaßnahmen entsprechend umgesetzt, können in einer abschließenden Diskussionsrunde die Ergebnisse der Anwendung des Reifegradmodells mit allen Beteiligten im Unternehmen besprochen werden. Auf diese Weise können die umgesetzten Entwicklungsmaßnahmen abschließend überprüft sowie eine Basis für Kommunikation und Transparenz geschaffen werden. Um bei erfolgreicher Umsetzung einen kontinuierlichen Verbesserungsprozess zu implementieren, kann nach angemessener Zeit der Durchführung der fünf Schritte das 7D Reifegradmodell erneut angewendet werden, wobei wiederum zu Beginn eine Anpassung des Modells an die spezifische Unternehmensumgebung erfolgen sollte.

Anwendung des Schrittes 5 im Beispielunternehmen

Das Beispielunternehmen mit Sitz in Deutschland hat insgesamt die sechs Entwicklungsmaßnahmen *Alpha* bis *Zeta* für vier Elemente der Dimension Intelligence identifiziert, diese priorisiert und in einen Implementierungsplan überführt. Der Implementierungsplan wurde dabei von dem Patentverantwortlichen in Zusammenarbeit mit dem Technologievorstand im Anschluss an den vergangenen Workshop aufgestellt und vom Management abgesegnet. Der Implementierungsplan sieht vor, dass insgesamt vier Monate für die Umsetzung der Maßnahmen *Alpha* bis *Zeta* eingeplant werden. Darüber hinaus wurde im vergangenen Workshop bereits festgelegt, dass der Patentverantwortliche mit der Überwachung der Umsetzung beauftragt wird und monatlich einen Bericht an das Management, die von den Maßnahmen betroffenen Mitarbeiter sowie dem Mitarbeiterkreis, der das Reifegradmodell angewendet hat, sendet. Nachdem das Unternehmen die Patentanalysesoftware beschafft und implementiert hat, sind auch die anderen Maßnahmen von den ausgewählten Mitarbeitern aus der Entwicklung in enger Zusammenarbeit mit dem Patentverantwortlichen in den Monaten Januar bis April mit hohem Engagement erfolgreich umgesetzt worden.

Am Ende der vier Monate lädt das Management zu einer abschließenden Diskussionsrunde ein, um erneut den Status der Umsetzung der Entwicklungsmaßnahmen zu überprüfen und mit allen Beteiligten zu diskutieren, ob das Reifegradmodell erneut angewendet und auf weitere Elemente ausgeweitet werden soll. Als Diskussionsgrundlage dient der Implementierungsplan, inklusive des jeweiligen Status der Umsetzung der verschiedenen Entwicklungsmaßnahmen. Es zeigt sich, dass die Umsetzung der Entwicklungsmaßnahmen bei fünf Maßnahmen wie geplant verlaufen ist. Lediglich die Umsetzung der Maßnahme *Epsilon*, die für die Nutzung von Patentinformationen für die Technologievorausschau und die Technologieplanung definiert wurde, ist zum Ende der vier Monate noch nicht vollständig abgeschlossen.

Nach positiver Zustimmung aller Beteiligten beschließt das Management zum Ende des Jahres erneut das 7D Reifegradmodell anzuwenden, um zu überprüfen, ob die implementierten Maßnahmen *Alpha* bis *Zeta* tatsächlich zu einer Erhöhung der Reifestufen geführt haben. Zusätzlich sollen dann auch weitere Elemente des 7D Reifegradmodells berücksichtigt werden, um im Patentmanagement des Unternehmens einen kontinuierlichen Verbesserungsprozess zu implementieren.

5.6 Literatur zum fünften Kapitel

Burr, W.; Stephan, M.; Soppe, B. und Weisheit, S. (2007). Patentmanagement – Strategischer Einsatz und ökonomische Bewertung von technologischen Schutzrechten. Schäffer-Pöschel, Stuttgart.

Ernst, H. (1996). Patentinformationen für die strategische Planung von Forschung und Entwicklung. Betriebswirtschaftslehre für Technologie und Innovation. DUV, Wiesbaden.

Gassmann, O. und Bader, M. A. (2017). Patentmanagement – Innovationen erfolgreich nutzen und schützen. 4. Aufl. Springer-Verlag, Berlin, Heidelberg.

Granstrand, O. (1999). The Economics and Management of Intellectual Property. Towards Intellectual Capitalism. Cheltham, Northampton, Edward Elgar.

Huch, P. (2001). Die Industriepatentabteilung – Die Arbeit des Patentingenieurs und die Aufgabe der Patentabteilung im Unternehmen. 2. Aufl., Carl Heymanns, Köln.

Junghans, C. und Levy, A. (2006). Intellectual property management: a guide for scientists, engineers, financiers, and managers. Wiley-VCH, Weinheim.

Khan, A (2016). Innovationsmanagement in der Energiewirtschaft - Entwicklung eines Reifegradmodells. Springer Fachmedien, Wiesbaden.

Mittelstaedt, A. (2009). Strategisches IP-Management – mehr als nur Patente. Geistiges Eigentum schützen und als Wettbewerbsvorsprung nutzen. Gabler Verlag, Wiesbaden.

Möhrle, M. G.; Walter, L. und Wustmans, M. (2017). Designing the 7D patent management maturity model – A capability based approach. World Patent Information, Vol. 50, pp. 27–33.

Tiefel, T. und Dirschka, F. (2007). FuE-, Innovations- und Patentmanagement - Eine Schnittstellenbestimmung. In: Thomas Tiefel (Hrsg.) (2007): Gewerbliche Schutzrechte im Innovationsprozess. DUV, Wiesbaden, S. 1–23.

Walter, L. und Schnittker, F. C. (2016). Patentmanagement – Recherche, Analyse, Strategie. De Gruyter Oldenbourg, Berlin, Boston.

Walter, L.; Wustmans, M. und Möhrle, M. G. (2017). Reifegradmodell für ein effektives Patentmanagement. In: PATINFO 2017 Europäische Schutzrechtssysteme im Wandel. Proceedings des 39. Kolloquiums der TU Ilmenau über Patentinformation, Ilmenau: 31. Mai bis 02. Juni 2017, Christoph Hoock, Sabine Milde (Hrsg.). Ilmenau: TU Ilmenau, 386 S., S. 129–142.

6 Zusammenfassung und Ausblick

Im Folgenden werden das Buch *Patente managen mit dem 7D Reifegradmodell* kurz zusammengefasst (Abschnitt 6.1) und ein Ausblick gegeben (Abschnitt 6.2).

6.1 Zusammenfassung

Mit dem Kapitel 1 wurde in das Thema eingeführt und verdeutlicht, dass die Gestaltung eines betrieblichen Patentmanagements unter Berücksichtigung der Größe des Unternehmens, der Branchenspezifika und seiner nationalen oder internationalen Marktausrichtung bisher in der Literatur noch nicht thematisiert wurde, obwohl sich die Unternehmen in der Praxis dieser Herausforderungen tagaus, tagein stellen müssen. Das Patentmanagement kann als eine von Investitionsentscheidungen getriebene Gestaltungsaufgabe der Unternehmensleitung angesehen werden. Da eine solche Gestaltungsaufgabe durch Reifegradmodelle befördert wird, hat sich das vorliegende Buch die Aufgabe gestellt, ein Reifegradmodell für das Patentmanagement zu entwickeln. Dies soll ein Unternehmen bei der Analyse, dem Verständnis, der Bewertung und der Weiterentwicklung des Patentmanagements unterstützen. Da das Modell auf Fähigkeiten des Patentmanagements basiert, lässt es Raum für verschiedene Möglichkeiten, das Ziel zu erreichen und eröffnet einen Lösungsraum für die praktische Umsetzung. Das entwickelte 7D Reifegradmodell bezieht sich dabei im Speziellen auf technologieorientierte Unternehmen, gleichwohl ist es auch für weitere Institutionen wie beispielsweise Universitäten, Hochschulen oder Stiftungen nutzbar.

Das Kapitel 2 legte die Grundlagen zu Reifegradmodellen und zeigte die Möglichkeit der Entwicklung von Reifegradmodellen auf. Der Ursprung von Reifegradmodellen ist im Qualitätsmanagement zu finden; hier wurden die Modelle zuerst zur Qualitätsbeurteilung von Prozessen genutzt und im Weiteren auch in der Softwareentwicklung eingesetzt (Crosby 1979, Jokela et al. 2006 sowie Wagner und Dürr 2008). Damit boten sie die Möglichkeit, aktuelle Entwicklungsstände in Unternehmen zu erheben, vor allem prozessbezogene Verbesserungsmaßnahmen abzuleiten und Leistungsvergleiche durchzuführen.

Da das 7D Reifegradmodell auf Fähigkeiten im Patentmanagement und weniger auf Prozesse zielt, wurden im Kapitel 2 fähigkeitsorientierte Reifegradmodelle den prozessorientierten Modellen gegenübergestellt und die Unterschiede herausgearbeitet. Diese führen zu Konsequenzen in der Interpretation der Reifestufen. Bei fähigkeitsorientierten Reifegradmodellen bedarf es nämlich einer Aufspaltung in den Output, den eine Fähigkeit auf einer bestimmten Reifestufe bringt, und den erforderlichen Input, der dazu – situativ oft unterschiedlich – zu erbringen ist. Die Reifestufen in fähigkeitsorientierten Reifegradmodellen sind dabei streng nach Output gegliedert, d.h. je höher die Reifestufe, desto umfangreicher und intensiver liegt die betrachtete Fähigkeit vor. Das Ziel eines Unternehmens besteht jedoch nicht im Streben nach der höchsten Reifestufe in jeder Fähigkeit, sondern es sollte nach der Reifestufe, die am besten zu den Kapazitäten und Ressourcen des Unternehmens – auch im Vergleich zu Reifestufen anderer Fähigkeiten – zielen.

Des Weiteren führt der zentrale Unterschied zwischen den beiden Typen von Reifegradmodellen auch zu unterschiedlichen Vorgehensweisen bei deren Anwendung. Bei fähigkeitsorientierten Reifegradmodellen ist in jedem Fall eine Bewertung des Outputs und Inputs für die einzelnen Reifestufen vorzusehen – beides hängt von unternehmensinternen Strukturen, Systemen und Prozessen ab. Sodann ist die Frage nach dem Soll-Zustand bei fähigkeitsorientierten Reifegradmodellen anders zu beantworten als bei prozessorientierten Reifegradmodellen.

Da die Gestaltung und somit die Erfassung, Bewertung und Verbesserung von Fähigkeiten im Patentmanagement im Vordergrund stand, wurde ein 7D Reifegradmodell auf Grundlage des Vorgehensmodells von Becker et al. (2009) entwickelt. Hierfür sind acht Anforderungsschritte zu durchlaufen, die im Detail erläutert wurden und aufzeigen, wie am Ende der Entwicklung ein evaluiertes Reifegradmodell zur Anwendung kommen kann.

Das Kapitel 3 zeigte im Detail die Entwicklung des 7D Reifegradmodells für das Patentmanagement auf und stellte neben dessen Zielen und den Zielgruppen noch weitere in der Literatur diskutierte Reifegradmodelle für das Patentmanagement vergleichend vor. Insbesondere wurden die Modelle

- Edison Pyramide (Davis und Harrison 2001 sowie Harrison und Sullivan 2011),
- Strategic Patent Management Maturity (Kern und van Reekum 2008 sowie Kern und van Reekum 2012),
- AIDA (Kjaer 2009 sowie Petit et al. 2011) und
- Intellectual Asset Governance (Gibb und Blili 2012 sowie Gibb und Blili 2013)

diskutiert. Aus dem Vergleich dieser bestehenden Reifegradmodelle zeigte sich der Bedarf eines neuen Reifegradmodells, welches eine ganzheitliche Sicht auf das Patentmanagement erlauben soll, mit dem Ziel, durch die Beschreibung von Elementen in Reifestufen eine beständige (Weiter-)Entwicklung und Effizienzsteigerung im Patentmanagement zu ermöglichen.

Das 7D Reifegradmodell ordnet die zahlreichen zu erfüllenden Aufgaben bzw. die hierzu erforderlichen Fähigkeiten im Patentmanagement verschiedenen Kategorien zu, die als Dimensionen bezeichnet werden und alle wesentlichen Aspekte des Patentmanagements abdecken (Möhrle et al. 2017 sowie Walter et al. 2017). Die Dimensionen werden in Basis- und unterstützende Dimensionen unterschieden. Konkret handelt es sich um die sieben Dimensionen Portfolio, Generierung, Intelligence, Verwertung, Durchsetzung, Organisation und Kultur. Jede Dimension umfasst wiederum mehrere Elemente, denen jeweils bis zu fünf Reifestufen zugeordnet werden. Zur Deutung der fünf Reifestufen (Reifestufe N und Reifestufe 1 bis 4) werden in Analogie fünf mit unterschiedlichen Fähigkeiten ausgestattete Musikinteressierte genutzt und die Reifestufen dann mit den Begriffen *Neglector*, *Starter*, *Intermediate*, *Performer* und *Conductor* bezeichnet. Mit diesen Reifestufen gelingt es dann, die Ausführungsmöglichkeiten der die Fähigkeiten im Patentmanagement repräsentierenden Elemente näher zu charakterisieren.

Die Inhalte des fähigkeitsorientierten 7D Reifegradmodells wurden anschließend im Kapitel 4 präsentiert und die sieben Dimensionen mit ihren insgesamt 26 Elementen, die zur Bestimmung der Reife eines Unternehmens im Hinblick auf das Patentmanagement verwendet werden, im Detail vorgestellt. Das Kapitel 4 enthält entsprechend den sieben Dimensionen sieben Abschnitte, die als Wissensspeicher und Arbeitsgrundlage zu verstehen sind.

Sie können unabhängig voneinander durchgearbeitet werden und ermöglichen – je nach Bedarf – eine gezielte betriebliche Auseinandersetzung mit den spezifischen Fähigkeiten des Patentmanagements.

Allen sieben Dimension wurden Leitfragen vorangestellt, und für die Gestaltung der Reifestufen der 26 Elemente wurde eine Morphologie herangezogen. Diese in Reifestufen beschriebenen Elemente können dann als Vorschlag bzw. als Anregung dienen, in welcher Form die Elemente des Patentmanagements ausgeführt werden können. Bei der Beschreibung der Elemente wurden ebenfalls jeweils mehrere Fragen vorangestellt, die die praktischen Inhalte der Elemente verdeutlichen sollen.

- So ging es bei der Portfoliodimension um vier Elemente, die das Patentportfolio eines Unternehmens und daraus resultierende strategische Aspekte des Patentmanagements behandeln. Die Elemente sind IP-Koordinierung, Lebenszyklusmanagement, Portfoliomanagement und Strategiekoordinierung.
- Innerhalb der Dimension Generierung wurden ebenfalls vier durch Reifestufen näher beschriebene Elemente diskutiert. Es sind die Elemente Anmeldeprozess, Anmeldestrategie, Impulsgebung und Lösungsalternative.
- Der Dimension Intelligence wurden fünf Elemente zugeordnet, nämlich Akquisition, Geschäftsfeldanalyse, Informationsnutzung, Stand-der-Technik-Analyse und Wertermittlung.
- Bei der Dimension Verwertung standen vier Elemente im Vordergrund, nämlich Kapitalsicherung, Kommerzialisierung und Allianzen, Marketing und Reputation sowie Wertsteigerung.
- Die Dimension Durchsetzung enthält Elemente zur Rechtsperspektive, insbesondere das Abwehrverhalten, die Schutzbereichswahrung und die Verletzungswahrnehmung.
- Die Dimension Organisation enthält drei Elemente, die Schnittstellen zwischen der Patentverwaltung und anderen Funktionen innerhalb der Unternehmen betreffen. Die Elemente

sind Prozessintegration, Zuständigkeit und Stakeholder-management.

- Die Kulturdimension umfasst drei Elemente, nämlich Anreiz und Motivation, Information und Wissensaustausch sowie die Wahrnehmung.

Das Kapitel 5 widmete sich der Gestaltung des betrieblichen Patentmanagements mit Hilfe des 7D Reifegradmodells und wendete das Modell in fünf Schritten an. Im ersten Schritt erfolgt die Anpassung des 7D Reifegradmodells auf die spezifische Unternehmensumgebung, gefolgt von der Erfassung der Ist-Situation anhand der Reifestufen der einzelnen Elemente im zweiten Schritt. Die Ableitung des Soll-Zustandes wird im dritten Schritt herausgearbeitet, um eventuelle Diskrepanzen aufzuspüren und unterschiedliche Wünsche offenzulegen. Im vierten Schritt werden die Entwicklungsmaßnahmen, mit deren Hilfe die zuvor festgelegten Soll-Reifestufen erreicht werden können, identifiziert und priorisiert. Darauf aufbauend werden im fünften Schritt die Maßnahmen letzten Endes umgesetzt.

Alle fünf Schritte der Anwendung des 7D Reifegradmodells wurden parallel zu deren detaillierter Beschreibung, der besseren Verdeutlichung wegen, noch in einem (fiktiven) in Deutschland ansässigen Beispielunternehmen umgesetzt. Es handelt sich hierbei um ein mittelständisches, technologieorientiertes Unternehmen, welches patentaktiv ist, über hinreichende Ressourcen für die verschiedenen Aufgaben und Tätigkeiten des Patentmanagements verfügt und vorwiegend im europäischen Marktumfeld agiert.

6.2 Ausblick

In diesem Buch wurde das 7D Reifegradmodell für das Patentmanagement entwickelt und im Detail vorgestellt. Das Modell ist als Vorschlag zu verstehen, das einerseits unternehmensspezifisch angepasst werden muss und andererseits auch konzeptionell weiterentwickelt werden kann. Für den zweitgenannten Zweck seien drei Initiativen angestoßen:

(i) Erste Initiative

Zum einen seien die Leser und Anwender des Reifegradmodells aus der Unternehmenspraxis eingeladen, ihre Erfahrungen an die Autoren weiterzugeben. Die Autoren freuen sich schon jetzt auf einen regen und konstruktiven Austausch.

(ii) Zweite Initiative

Zum zweiten seien Forschende auf dem Gebiet des Patentmanagements und des IP-Managements eingeladen, die Elemente und ihre Reifestufen gegebenenfalls zu Skalen weiterzuentwickeln, anhand derer eine vertiefende wissenschaftliche Durchdringung des Gebiets möglich ist.

(iii) Dritte Initiative

Zum dritten wird das Institut für Projektmanagement und Innovation (IPMI) der Universität Bremen eine Reihe qualitativer Studien initiieren, die einzelne Dimensionen näher beleuchten. Dabei werden mit Verantwortlichen aus repräsentativ ausgewählten Unternehmen Fallstudien erstellt, die Rückschlüsse auf die Gestaltung der Elemente und Reifestufen einer Dimension erlauben. Als erstes Beispiel hierfür seien die vier schon umgesetzten Fallstudien zur Dimension Intelligence erwähnt, die in der Dissertation von Michael Wustmans nachzulesen sind (Wustmans 2018).

Für die Zukunft werden verschiedene Einflüsse auf das Patentmanagement einwirken und damit auch die Gestaltung des 7D Reifegradmodells beeinflussen. Sie seien mit den drei Begriffen *Systeme*, *Strukturen* und *Professionalisierung* charakterisiert:

(i) Systeme

Derzeit vollzieht sich ein grundlegender Wandel in der Informations- und Kommunikationstechnologie (IKT), der auch das Patentmanagement betrifft. War es vor kurzem noch schwierig, Patenttexte aus Korea oder China zu verstehen, so ist heute zumindest eine erste Analyse anhand maschinenübersetzter Texte

– deren Qualität dank einer Kooperation zwischen dem Europäischen Patentamt (EPA) und dem kalifornischen Unternehmen *Google LLC* entstanden ist (Europäisches Patentamt 2018) – möglich. Dies bedeutet aber auch, dass es kaum noch Argumente gibt, solche Patente nicht im Stand-der-Technik zu berücksichtigen. Auch die Fortschritte in der Sprachverarbeitung (semantische Analyse (Frischkorn und Walter 2017 sowie Walter und Schnittker 2016), Topic Modeling (Blei und Lafferty 2006), Ähnlichkeitsmessung (Möhrle und Gerken 2012) und viele andere) erlauben immer bessere Informationszugänge. Des Weiteren führen Fortschritte beim Maschinellen Lernen (Alpaydin 2016) zu qualitativ hochwertigen Klassifikationsergebnissen und eröffnen neue Antworten, beispielsweise in der Wettbewerberanalyse.

(ii) Strukturen

In gewisser Weise mutet es überkommen an, dass jedes Unternehmen – sei es groß oder klein – sein eigenes Patentmanagement aufbaut. Hier ist Raum für neue Strukturen. Beispielsweise könnten Branchenverbände für ausgewählte Technologien Patentpools auflegen, die für die beteiligten Unternehmen einen rechtssicheren Zugang und die für die ausgewählten Technologien einen entsprechenden Ausübungs- und Handlungsspielraum (*Freedom to Operate* (FTO)) gewähren. Solche Patentpools werden heute schon erfolgreich im Rahmen der Standardisierung angewendet (Eppinger 2015). Des Weiteren ist es vorstellbar, dass Unternehmen sich zu Recherchegemeinschaften zusammenschließen, in denen aus einer Hand dic Analyse und Bewertung des geistigen Eigentums vorgenommen wird, das von außerhalb der Gemeinschaft kommt. Softwareanbieter und spezielle Dienstleister, die besondere Kompetenzen hinsichtlich der schon angesprochenen Systeme mitbringen, könnten zudem die Landschaft des Patentmanagements in vielfältiger Weise beeinflussen und bereichern.

(iii) Professionalisierung

Die beiden vorgenannten Einflüsse auf das Patentmanagement werden auch dazu führen, dass sich neue Positionen in Unternehmen bilden werden, bzw. sich in einigen Unternehmen schon gebildet haben. Strategische Patentmanager, Standardisierungs- und Kooperationsbeauftragte oder Intelligence-Experten wie Data Scientisten seien hierfür beispielhaft genannt. Eine solche weitergehende Professionalisierung bedarf der Unterstützung seitens der Aus- und Weiterbildung in den Hochschulen und Universitäten, die sich allerdings erst vereinzelt abzeichnet.

In Summe steht dem Patentmanagement eine dynamische Entwicklung mit vielen Änderungen bevor, bei der die unterschiedlichen Reifestufen (der Elemente) des Patentmanagements eine Orientierung bieten können. Aus diesem Grunde sei zum Abschluss unseres Buches der Mathematiker und Naturforscher Georg Christoph Lichtenberg (*1742; †1799) zitiert:[13]

> *„Ich kann freilich nicht sagen, ob es besser werden wird wenn es anders wird; aber so viel kann ich sagen, es muss anders werden, wenn es gut werden soll."*

6.3 Literatur zum sechsten Kapitel

Alpaydin, E. (2016). Machine Learning: the new AI. The MIT Press, Massachusetts Institute of Technology, Cambridge, Massachusetts.

Becker, J.; Knackstedt, R. und Pöppelbuß, J. (2009). Entwicklung von Reifegradmodellen für das IT-Management – Vorgehensmodell und praktische Anwendung. Wirtschaftsinformatik, Vol. 3, S. 249–260.

Blei, D. M. und Lafferty, J. D. (2006). Dynamic topic models. In: William Cohen, Andrew Moore (Eds.) (2006): Proceedings of the 23rd international conference on Machine learning - ICML '06, ACM Press, New York, New York, USA, 2006, pp. 113–120.

[13] Vgl. https://www.aphorismen.de/zitat/14369, Abruf 19.04.2018.

Crosby, P. B. (1979). Quality is free: The art of making quality certain. McGraw-Hill.

Davis, J. L. und Harrison, S. S. (2001). Edison in the Boardroom. How Leading Companies Realize Value from Their Intellectual Assets. John Wiley und Sons, New York.

Eppinger, E. (2015). Patentpools – Eigenschaften, Motive und Implikationen. Springer Gabler, Wiesbaden.

Europäisches Patentamt (2018). Patent Translate. Siehe unter https://www.epo.org/searching-for-patents/helpful-resources/patent-translate_de.html#tab1, Abruf 16.03.2018.

Frischkorn, J. und Walter, L. (2017). Technologievorausschau mittels informetrisch ausgewerteter Patentdaten – eine Einstiegsoption für das Technologie-Roadmapping. In: Martin G. Möhrle und Ralf Isenmann (Hrsg.) (2017): Technologie-Roadmapping. 4. erweiterte Aufl., Springer, Berlin, Heidelberg, S. 169–183.

Gibb, Y. K. und Blili, S. (2012). Small Business and Intellectual Asset Governance: An Integrated Analytical Framework. GSTF Business Review, Vol. 2(2), pp. 252–259.

Gibb, Y. K. und Blili, S. (2013). Business Strategy and Governance of Intellectual Assets in Small und Medium Enterprises. Procedia-Social and Behavioral Sciences, Vol. 75, pp. 420–433.

Harrison, S. S. und Sullivan, P. H. (2011). Edison in the Boardroom Revisited: How Leading Companies Realize Value from Their Intellectual Property, John Wiley and Sons, New York.

Jokela, T.; Siponen, M.; Hirasawa, N. und Earthy, J. (2006). A survey of usability capability maturity models: implications for practice and research. Behaviour and Information Technology, Vol. 25, pp. 263–282.

Kjaer, K. (2009). Supply and demand of intellectual property rights services for small and medium sized enterprises - a gap analysis. Danish Patent and Trademark Office. Siehe unter: http://www.ipeuropaware.eu/public_documents/Gap%20Analysis%20-%20IP%20support%20services.PDF, Abruf 15.03.2017.

Kern, S. und van Reekum, R. (2008). The Use of Patents in Dutch Biopharmaceutical SME: a Typology for Assessing Strategic Patent Management Maturity. In: The 16th Annual High Technology Small Firms Conference: May 22-23, 2008 + May 21 Doctoral Workshop, University of Twente, Enschede, The Netherlands., 22 May 2008 - 23 May 2008, Enschede, The Netherlands.

Kern, S. und van Reekum, R. (2012). The use of patents in Dutch biopharmaceutical SME: A typology for assessing strategic patent management maturity. In: Ray Oakey, Aard Groen, Peter van der Sijde und Gary Cook (Eds.) (2012): New Technology-Based Firms in the New Millennium, Vol 9. Emerald Group Publishing Limited, pp. 131–149.

Möhrle, M. G. und Gerken, J. M., (2012). Measuring Textual Patent Similarity on the Basis of Combined Concepts: Design Decisions and their Consequences. Scientometrics, Vol. 91, pp. 805–826.

Möhrle, M. G.; Walter, L. und Wustmans, M. (2017). Designing the 7D patent management maturity model – A capability based approach. World Patent Information, Vol. 50, pp. 27–33.

Petit, C.; Dubois, C.; Harand, A. und Quazzotti, S. (2011). A new, innovative and marketable IP diagnosis to evaluate, qualify and find insights for the development of SMEs IP practices and use, based on the AIDA approach. World Patent Information, Vol. 33(1), pp. 42–50.

Wagner, K. W. und Dürr, W. (2008). Reifegrad nach ISO/IEC 15504 (SPiCE) ermitteln. Carl Hanser Verlag, München.

Walter, L. und Schnittker, F. C. (2016). Patentmanagement – Recherche, Analyse, Strategie. De Gruyter Oldenbourg, Berlin, Boston.

Walter, L.; Wustmans, M. und Möhrle, M. G. (2017). Reifegradmodell für ein effektives Patentmanagement. In: PATINFO 2017 Europäische Schutzrechtssysteme im Wandel. Proceedings des 39. Kolloquiums der TU Ilmenau über Patentinformation, Ilmenau: 31. Mai bis 02. Juni 2017, Christoph Hoock, Sabine Milde (Hrsg.). Ilmenau: TU Ilmenau, 386 S., S. 129–142.

Wustmans, M. (2018). Patent Intelligence zur unternehmensrelevanten Wissenserschließung. – Reifegradbasierte Fähigkeiten, Qualitative Fallstudienanalysen, Iterativer Ablauf. Gabler Verlag, Wiesbaden.

Anhang

A. Reifestufen aller Elemente der Dimension Portfolio

B. Reifestufen aller Elemente der Dimension Generierung

C. Reifestufen aller Elemente der Dimension Intelligence

D. Reifestufen aller Elemente der Dimension Verwertung

E. Reifestufen aller Elemente der Dimension Durchsetzung

F. Reifestufen aller Elemente der Dimension Organisation

G. Reifestufen aller Elemente der Dimension Kultur

A. Reifestufen aller Elemente der Dimension Portfolio

	IP-Koordinierung	Lebenszyklusmanagement	Portfoliomanagement	Strategiekoordinierung
Conductor (Reifestufe 4)	Patente werden im Rahmen einer gesamtheitlichen Schutzrechts-strategie eingesetzt und in stra-tegischen Bündeln mit anderen Schutzrechtsaktivitäten koordiniert.	Es erfolgt eine permanente Überwachung aller eigener Patente, um strategisch über den Erhalt oder die ander-weitige Verwertung der Patente entscheiden zu können.	Das Unternehmen kontrolliert dynamisch und kontinuierlich das eigene Patentportfolio, generiert gezielt eigene und erwirbt bei Bedarf fremde Patente für gegenwärtige und zukünftige Geschäftsfelder.	Die Patentstrategie ist mit der Unternehmensstrategie koordiniert, unternehmensweit implementiert und wird regel-mäßig überprüft, bzw. aktualisiert.
Performer (Reifestufe 3)	Patente und andere Schutz-rechtsaktivitäten werden teilweise (z.B. geschäftsfeld-bezogen oder produktabhängig) koordiniert.	Die eigenen Patente werden in regelmäßigen Abständen hin-sichtlich ihrer Relevanz für das Geschäftsfeld überprüft und gegebenenfalls extern angeboten oder fallen gelassen.	Geschäftsfelder werden durch ein Patentportfolio gesichert, der Patentbedarf hierfür be-stimmt und gezielt Handlungs-maßnahmen abgeleitet.	Das Patentmanagement hat seine Patentstrategie in Ab-stimmung mit der Technologie-strategie des Unternehmens implementiert.
Intermediate (Reifestufe 2)		Die eigenen Patente werden in unregelmäßigen Abständen hinsichtlich ihrer Relevanz für das Geschäftsfeld überprüft und gegebenenfalls extern ange-boten oder fallen gelassen.	Der Ausbau des bestehenden Patentportfolios erfolgt bezüglich eigener und fremder Patente.	Alle Patentverantwortlichen besitzen erweiterte Kenntnisse über Patentstrategien und stimmen diese untereinander ab.
Starter (Reifestufe 1)	Patente und andere Schutzrechtsaktivitäten werden vereinzelt koordiniert betrachtet.	Patente werden in der Regel über die gesamte (mögliche) Laufzeit aufrechterhalten.	Das Unternehmen ist im Besitz von einzelnen Patenten, die relevant für die gegenwärtigen Geschäftsfelder sind.	Bei den Patentverantwortlichen sind Grundkenntnisse von Patentstrategien vorhanden, diese sind aber nicht aufeinander abgestimmt.
Neglector (Reifestufe N)	Das Element wird bisher nicht berücksichtigt.	Das Element wird bisher nicht berücksichtigt.	Das Element wird bisher nicht berücksichtigt.	Das Element wird bisher nicht berücksichtigt.

B. Reifestufen aller Elemente der Dimension Generierung

	Anmeldeentwurf	Anmeldestrategie	Impulsgebung (*intern / extern*)	Lösungsalternative
Conductor (Reifestufe 4)	Das aktive Management von der Erfindung zur Patentanmeldung wird durch die Rückkopplung mit dem eigenen Patentportfolio überprüft und stetig verbessert.	Die Patentanmeldung erfolgt zielgerichtet und nutzenorientiert (wirtschaftlich, technologisch, rechtlich, zeitlich, länderspezifisch) in Abhängigkeit von Strategie und Früherkennung.	Es wird strategisch entschieden, in welchem Bereich Patente von Mehrwert sind und es wird gezielt eine Patentierung in diesen Bereichen vorangetrieben. Gleichzeitig werden ... ... *Intern*: Erfinder auch zu ungewöhnlichen Erfindungen ermutigt. ... *Extern* externe Partner auch zu ungewöhnlichen Erfindungen ermutigt.	Lösungsalternativen werden bewusst in Abhängigkeit des wirtschaftlichen und technologischen Nutzens sowie der rechtlichen Durchsetzbarkeit geschaffen und gegebenenfalls patentiert, um aktiv das Geschäftsfeld zu beeinflussen.
Performer (Reifestufe 3)	Es erfolgt ein aktives Management von der Erfindung zur Patentanmeldung über einen strukturierten Ablauf.	Die Patentanmeldung erfolgt in Abhängigkeit des voraussichtlichen wirtschaftlichen und technologischen Nutzens, sowie der rechtlichen Durchsetzbarkeit. Sie erfolgt dabei in den strategisch relevanten Ländern.	*Intern:* Patentverantwortliche begleiten die Entwicklungstätigkeiten regelmäßig. Treiber der Patentanmeldung sind vorwiegend das Management, aber auch die Erfinder. *Extern:* Das Unternehmen arbeitet zielgerichtet und kontinuierlich mit externen Erfindern und anderen Impulsgebern zusammen.	Die Entwicklung einer Lösungsalternative erfolgt in Abhängigkeit des wirtschaftlichen und technologischen Nutzens sowie der rechtlichen Durchsetzbarkeit.
Intermediate (Reifestufe 2)	Der vorhandene, strukturierte Ablauf von der Erfindungsmeldung zur Patentanmeldung wird von den meisten Erfindern eingehalten.	Die Patentanmeldung erfolgt in Abhängigkeit von einer groben Vorstellung des technologischen Nutzens. Dabei wird im Einzelfall überlegt, in welchen Ländern die Erfindung zum Patent angemeldet werden soll.	*Intern:* Treiber der Patentanmeldung können Erfinder, aber auch das Management sein. *Extern:* Das Unternehmen arbeitet sporadisch mit externen Erfindern und anderen Impulsgebern zusammen.	Lösungsalternativen werden aufgespürt, um eine Lizenznahme zu vermeiden.
Starter (Reifestufe 1)	Ein strukturierter Ablauf von der Erfindungsmeldung zur Patentanmeldung ist vorhanden.	Eine Patentanmeldung erfolgt im Anschluss an die Erfindungsmeldung durch einen externen Patentanwalt (in der Regel im Heimatland).	*Intern:* Es erfolgt eine zufällige Patentanmeldung, die vom Erfinder angetrieben wird. *Extern:* Es erfolgt ein zufälliges Angebot eines Patents, das ein externer Erfinder hält.	Eine Lösungsalternative wird in seltenen Fällen in Betracht gezogen.
Neglector (Reifestufe N)	Das Element wird bisher nicht berücksichtigt.	Das Element wird bisher nicht berücksichtigt.	*Intern /Extern:* Das Element wird bisher nicht berücksichtigt.	Das Element wird bisher nicht berücksichtigt.

C. Reifestufen aller Elemente der Dimension Intelligence

	Akquisition	Geschäftsfeldanalyse	Informationsnutzung	Stand-der-Technik-Analyse	Wertermittlung
Conductor (Reifestufe 4)	Das Unternehmen praktiziert ein systematisches Screening und Monitoring relevanter Geschäftsfelder und Start-ups, um Akquisition im geschäftsnahen und -fernen Umfeld vorzubereiten.	Das Unternehmen praktiziert ein systematisches Screening und Monitoring über die eigenen Geschäftsfelder hinaus, um zukünftige Entwicklungen frühzeitig erkennen zu können.	Es erfolgt eine zentral koordinierte und kontinuierliche Betrachtung quantitativer und qualitativer Patentinformationen durch gezielt ausgewählte Methoden und Hilfsmittel.	Der Stand der Technik wird regelmäßig ermittelt, um Handlungsfreiheit bzgl. eigener, ausgewählter Technologien zu gewährleisten.	Das Unternehmen kennt den Wert (technologisch, marktseitig) aller für das Unternehmen relevanten (eigene und fremde) Patente.
Performer (Reifestufe 3)	Das Unternehmen praktiziert ein systematisches Screening und Monitoring relevanter Geschäftsfelder und Start-ups, um Akquisition im geschäftsnahen Umfeld vorzubereiten.	Das Unternehmen praktiziert ein systematisches Monitoring der eigenen Geschäftsfelder in Bezug auf verwendete Technologien und Wettbewerber.	Im Unternehmen werden regelmäßig Methoden und Hilfsmittel zur Informationserschließung genutzt und zentral zur Verfügung gestellt.	Der Stand der Technik wird vom Unternehmen vor oder während der Ausarbeitung der Patentanmeldung ermittelt.	Das Unternehmen setzt Bewertungsverfahren für die Valuierung und Evaluierung eigener und fremder Patente ein.
Intermediate (Reifestufe 2)		Das Unternehmen kennt in selektiven Geschäftsfeldern auch die Patente im Wettbewerberumfeld (direkte und indirekte Wettbewerber).	Dezentral werden bei Bedarf im Unternehmen Methoden und Hilfsmittel zielgerichtet zur Erschließung von Patentinformationen genutzt.		Das Unternehmen setzt monetäre Bewertungsverfahren ein, um ausgewählte eigene und fremde Patente zu valuieren.
Starter (Reifestufe 1)	Das Unternehmen analysiert Geschäftsfelder und Start-ups, auf die es zufällig (z.B. auf Messen oder durch Empfehlungen) aufmerksam wurde.	Das Unternehmen kennt die eigenen und in selektiven Geschäftsfeldern die wichtigsten Patente der direkten Wettbewerber.	Im Unternehmen werden keine zielgerichteten Methoden oder Hilfsmittel zur Informationserschließung aus Patenten genutzt.	Das Patentamt prüft die Patentanmeldung in Bezug auf den Stand der Technik.	Das Unternehmen setzt monetäre Bewertungsverfahren ein, um eigene Patente zu valuieren und den Erfinder entsprechend dem ArbnErfG zu vergüten.
Neglector (Reifestufe N)	Das Element wird bisher nicht berücksichtigt.	Das Element wird bisher nicht berücksichtigt.	Das Element wird bisher nicht berücksichtigt.	Das Element wird bisher nicht berücksichtigt.	Das Element wird bisher nicht berücksichtigt.

D. Reifestufen aller Elemente der Dimension Verwertung

<table>
<tr><th></th><th>Kapitalsicherung</th><th>Kommerzialisierung und Allianzen</th><th>Marketing und Reputation</th><th>Wertsteigerung</th></tr>
<tr><td>Conductor (Reifestufe 4)</td><td>Das Unternehmen patentiert gezielt eigene Erfindungen, um diese als Sicherheit für Kapitalgeber von Eigen- und Fremdkapital einzusetzen.</td><td>Zusätzlich zu den Kommerzialisierungsaktivitäten dienen Patente der Verstärkung der Verhandlungsbasis bei Kooperationen, strategischen Allianzen und Partnerschaften sowie der Etablierung von Standards.</td><td>Das Unternehmen veröffentlicht gezielt Patentinformationen, um sich gegenüber dem Wettbewerb zu profilieren und das Unternehmensansehen zu verbessern.</td><td>Das Unternehmen beeinflusst durch Patente und deren Erwähnung in der Öffentlichkeit den Unternehmenswert.</td></tr>
<tr><td>Performer (Reifestufe 3)</td><td rowspan="2">Das Unternehmen nutzt gezielt eigene Patente als Sicherheit für Kapitalgeber von Eigen- und Fremdkapital.</td><td>Kommerzialisierungsaktivitäten erfolgen in Abhängigkeit der Unternehmensstrategie, um Gewinne zu generieren oder Zugriff auf relevante Technologien zu erhalten.</td><td rowspan="2">Ausgewählte Patente werden gezielt zum Marketing und zur Reputation der Erfindungen eingesetzt.</td><td rowspan="2">Patentierungen erfolgen gezielt, um den Wert des Unternehmens zu steigern.</td></tr>
<tr><td>Intermediate (Reifestufe 2)</td><td>Kommerzialisierungsaktivitäten erfolgen gezielt, um die eigene Handlungsfreiheit zu gewährleisten.</td></tr>
<tr><td>Starter (Reifestufe 1)</td><td>Das Unternehmen nutzt vereinzelt eigene Patente als Sicherheit für Kapitalgeber von Eigen- und Fremdkapital.</td><td>Kommerzialisierungsaktivitäten werden nur bei Anfrage oder Notwendigkeit in Betracht gezogen.</td><td>Die Reputation wird in einzelnen Fällen angestoßen, da den patentierten Erfindungen (von Externen) eine erhöhte Qualität zugesprochen wird.</td><td>Patente werden vereinzelt als wertvoll für das Unternehmen angesehen.</td></tr>
<tr><td>Neglector (Reifestufe N)</td><td>Das Element wird bisher nicht berücksichtigt.</td><td>Das Element wird bisher nicht berücksichtigt.</td><td>Das Element wird bisher nicht berücksichtigt.</td><td>Das Element wird bisher nicht berücksichtigt.</td></tr>
</table>

E. Reifestufen aller Elemente der Dimension Durchsetzung

	Abwehrverhalten	Schutzbereichswahrung	Verletzungswahrnehmung
Conductor (Reifestufe 4)	Eine eingehende Patentverletzungsklage oder ein Einspruch wird im Patentmanagement bewertet und Handlungsmaßnahmen werden daraufhin unter Berücksichtigung der Unternehmensziele dem (externen) Patentanwalt vorgeschlagen.	Eine spezifische Unternehmenseinheit oder ein externer Dienstleister sucht aktiv nach Einschränkungen durch Patent-verletzungen im internationalen Umfeld und geht strategisch orientiert gegen diese vor.	Es erfolgt eine kontinuierliche Zusammenarbeit zwischen dem Patentmanagement und Mitarbeitern weiterer Abteilungen bzgl. der Wahrnehmung und des Umgangs mit Patentverletzungen. Dabei achten die geschulten Mitarbeiter u.a. aktiv auf Produktangriffe und sichern entsprechende Beweise.
Performer (Reifestufe 3) **Intermediate (Reifestufe 2)**	Eine eingehende Patentverletzungsklage oder ein Einspruch kann (mit Hilfe einer eigenen Rechtsabteilung) bewertet werden, und die Anwälte können abschätzen, ob die Klage oder der Einspruch gerechtfertigt ist.	Es wird aktiv nach Einschränkungen durch Patentverletzungen von Wettbewerbern in ausgewählten Geschäftsfeldern gesucht und strategisch orientiert gegen diese vorgegangen.	Die Patentverantwortlichen schulen zu gegebenen Anlässen (z.B. Messen) Mitarbeiter (bspw. aus dem Vertrieb) hinsichtlich der Wahrnehmung von Patentverletzungen.
Starter (Reifestufe 1)	Eine eingehende Patentverletzungsklage oder ein Einspruch wird an einen externen Patentanwalt zur Bearbeitung weitergeleitet.	Einschränkungen durch Patentverletzungen von Wettbewerbern werden vereinzelt entdeckt, und es wird mit Hilfe eines externen Anwalts gegen diese vorgegangen.	Die Patentverantwortlichen erfahren (bspw. vom Vertrieb) zufällig von einer Patentverletzung eines Wettbewerbers und überprüfen mögliche Schutzrechtkollisionen.
Neglector (Reifestufe N)	Das Element wird bisher nicht berücksichtigt.	Das Element wird bisher nicht berücksichtigt.	Das Element wird bisher nicht berücksichtigt.

F. Reifestufen aller Elemente der Dimension Organisation

	Prozessintegration	Stakeholdermanagement	Zuständigkeit
Conductor (Reifestufe 4)	Patentverantwortliche sind in Innovationsprozesse eingebunden, und die Patentierungsaktivitäten orientieren sich an der Unternehmensstrategie.	Das Patentmanagement pflegt alle wichtigen internen und externen Stakeholder, betrachtet diese als unternehmenseigenes Netzwerk, und es erfolgt ein aktives Management.	Das Unternehmen verfügt über spezifische Einheiten, die ihre Aufgaben koordinieren, an der Unternehmensstrategie ausrichten und auf diese Einfluss nehmen.
Performer (Reifestufe 3)	Patentierungsaktivitäten des Unternehmens erfolgen in Abstimmung mit Innovations-prozessen.	Über die patentnahen Stakeholder hinaus werden bei Bedarf interne und externe Stakeholder zur Unterstützung herangezogen.	Die Verantwortlichkeit liegt im Unternehmen bei spezifischen Einheiten mit wirtschaftlichen und rechtlichen Kompetenzen.
Intermediate (Reifestufe 2)		Patentnahe Stakeholder werden für einen Erfahrungsaustausch regelmäßig kontaktiert.	
Starter (Reifestufe 1)	Patentierungsaktivitäten erfolgen im Unternehmen erfindungsgetrieben, ohne eine unternehmensstrategische Anbindung.	Patentnahe Stakeholder (Anwalt, Patentamt) werden im Falle einer (möglichen) Patentanmeldung kontaktiert.	Im Unternehmen sind vereinzelt Ansprechpartner vorhanden, die Kontakt zu einer Anwaltskanzlei aufbauen.
Neglector (Reifestufe N)	Das Element wird bisher nicht berücksichtigt.	Das Element wird bisher nicht berücksichtigt.	Das Element wird bisher nicht berücksichtigt.

G. Reifestufen aller Elemente der Dimension Kultur

	Anreiz und Motivation	Informations- und Wissensaustausch	Wahrnehmung
Conductor (Reifestufe 4)	Das Unternehmen sorgt für ein hohes Ansehen der Schlüsselerfinder und gewährt diesen persönliche Gestaltungsfreiräume.	Patente und patentbezogene Informationen werden aufbereitet und allen Mitarbeitern zugänglich gemacht. Spezifisches Wissen (Technologie, Recht, Markt) wird effizient verteilt und diskutiert.	Patente werden von allen relevanten Unternehmensfunktionen als wertvoller rechtlicher und wirtschaftlicher Bestandteil des Unternehmens und der zukünftigen Entwicklung angesehen.
Performer (Reifestufe 3)	Das Unternehmen honoriert nicht nur finanziell, sondern leistet zusätzliche Anerkennungsprämien an Schlüsselerfinder.	Rohe Patentinformationen werden im Unternehmen verfügbar gemacht (u.a. durch moderne Informations- und Kommunikationstechnologie) und eine Diskussion wird gefördert.	Dem Großteil der Mitarbeiter sind, neben der rechtlichen Bedeutung, auch der wirtschaftliche Nutzen der Patente für das Unternehmen bewusst.
Intermediate (Reifestufe 2)	Über das ArbnErfG hinaus werden finanzielle Anerkennungsprämien für Schlüsselerfindungen geleistet.	Eine informelle Kommunikation wird von Patentverantwortlichen gepflegt und durch moderne Informations- und Kommunikationstechnologie unterstützt.	Die meisten technischen Mitarbeiter sind sich über die rechtliche und wirtschaftliche Bedeutung von Patenten im Klaren.
Starter (Reifestufe 1)	Anreize sind weitgehend finanzieller Natur und orientieren sich an dem ArbnErfG.	Patentinformationen liegen dem Erfinder und Anmelder vor, welche über persönliche Kontakte im Unternehmen verbreitet werden.	Dem Großteil der Mitarbeiter ist nur die rechtliche Bedeutung von Patenten bewusst.
Neglector (Reifestufe N)	Das Element wird bisher nicht berücksichtigt.	Das Element wird bisher nicht berücksichtigt.	Das Element wird bisher nicht berücksichtigt.

Autorenverzeichnis

Prof. Dr. Martin G. Möhrle ist seit 2001 Inhaber des Lehrstuhls für Innovation und Kompetenztransfer an der Universität Bremen sowie Direktor des Instituts für Projektmanagement und Innovation (IPMI) der Universität Bremen. Zuvor leitete er den Lehrstuhl für Allgemeine Betriebswirtschaftslehre und Besondere der Planung und des Innovationsmanagement an der BTU Cottbus. Seine Forschungsschwerpunkte liegen in verschiedenen Facetten des Innovationsmanagements, u. a. dem marktgerechten Gestalten von neuartigen Produkten, Prozessen und Dienstleistungen, dem methodischen Herbeiführen von Erfindungen mit TRIZ, der Prognose technologischer und marktseitiger Entwicklungen sowie dem Management von Schutzrechten. Er ist Wirtschaftsingenieur der TH Darmstadt mit technischer Fachrichtung Elektrotechnik, wurde 1990 an der Universität Kaiserslautern promoviert und hat sich dort 1996 habilitiert.

Email: moehrle@uni-bremen.de

Dr. Lothar Walter war nach Studium und Promotion in Physik an den Universitäten in Darmstadt, Würzburg und Bremen von 1993 bis 2001 für neugegründete Unternehmen im Bereich der Medizintechnik in den neuen Bundesländern aktiv. Für diese Unternehmen war er für die Erarbeitung von Vertriebskonzepten sowie für die Realisierung und Umsetzung eines für Medizinprodukteehersteller geforderten Qualitätsmanagementsystems verantwortlich. Seit 2001 ist er als Akademischer Oberrat am Institut für Projektmanagement und Innovation (IPMI) im Fachbereich Wirtschaftswissenschaft der Universität Bremen tätig. Als Senior Researcher der Universität Bremen forscht er auf dem Gebiet des Patentmanagements; insbesondere stehen hier Fragen zum methodischen Erfinden, zur Organisation der Patentarbeit und zur Wissenserschließung aus Patenten mittels computergestützter Analysen im Vordergrund.

Email: lothar.walter@innovation.uni-bremen.de

Dr. Michael Wustmans studierte an der Universität Siegen Wirtschaftsingenieurwesen mit dem Schwerpunkt Maschinenbau. Seit Januar 2018 ist er als wissenschaftlicher Mitarbeiter am Institut für Lebensmittel- und Ressourcenökonomik der Universität Bonn tätig. Zuvor hat er von Juli 2014 bis Dezember 2017 als wissenschaftlicher Mitarbeiter am Institut für Projektmanagement und Innovation (IPMI) der Universität Bremen auf dem Gebiet des Patentmanagements und der Generierung von Wissen aus Patentinformationen geforscht. Seine Forschungsarbeit mündete in einer Dissertation zum Thema *Patent Intelligence zur unternehmensrelevanten Wissenserschließung*, die er im April 2018 an der Universität Bremen verteidigte.

Email: m.wustmans@ilr.uni-bonn.de

Stichwortverzeichnis